U0298482

地质勘探与探矿工程技术研究

杨 震 李明星 滕 飞 主编

哈尔滨出版社

HARBIN PUBLISHING HOUSE

图书在版编目（CIP）数据

地质勘探与探矿工程技术研究 / 杨震，李明星，滕
飞主编． -- 哈尔滨：哈尔滨出版社，2023.1
ISBN 978-7-5484-6681-9

Ⅰ．①地… Ⅱ．①杨… ②李… ③滕… Ⅲ．①地质勘
探②探矿工程 Ⅳ．① P62

中国版本图书馆 CIP 数据核字（2022）第 154544 号

书　　名：**地质勘探与探矿工程技术研究**
DIZHI KANTAN YU TANKUANG GONGCHENG JISHU YANJIU

作　　者：杨　震　李明星　滕　飞　主编
责任编辑：张艳鑫
封面设计：张　华

出版发行：哈尔滨出版社（Harbin Publishing House）
社　　址：哈尔滨市香坊区泰山路 82-9 号　邮编：150090
经　　销：全国新华书店
印　　刷：河北创联印刷有限公司
网　　址：www.hrbcbs.com
E - mail：hrbcbs@yeah.net
编辑版权热线：（0451）87900271　87900272

开　　本：787mm×1092mm　1/16　印张：10.25　字数：210 千字
版　　次：2023 年 1 月第 1 版
印　　次：2023 年 1 月第 1 次印刷
书　　号：ISBN 978-7-5484-6681-9
定　　价：68.00 元

凡购本社图书发现印装错误，请与本社印制部联系调换。
服务热线：（0451）87900279

编委会

前言 Preface

　　我国社会经济水平的提高离不开矿产资源，丰富的矿产资源为经济的发展提供了保障。矿产资源作为不可再生的地质资源，只有借助先进的地质勘探技术，才能保证整个地质探矿工程工作的稳定执行。为了满足我国经济发展的要求，需要提高地质探矿工程水平，要不断强化地质勘探技术，从而确保地质勘探工作的安全性，保证地质探矿工程的合理性。本节通过探索地质探矿工程的作用和地位，详细列举了当今的地质勘探技术，就地质探矿工程中的安全问题给出相应的防范措施。

　　地质探矿工程在实际应用的过程中，需要结合周围环境的特点以及地质条件，合理地选择勘探方法以及勘探技术，不同矿山地区的地质环境千差万别，矿物质所存在的区域往往地质环境比较特殊，在开采过程中存在一定的安全问题。为了确保开采活动的安全性和可靠性，需要在满足建设需求的前提下，尽可能详尽地分析地质探矿工程情况，全面充分地掌握和了解地质环境特征，保证后期工作能够顺利稳定地开展。在实际开采和勘探工作中，需要对矿山的建设种类、建设规模、矿产的分布情况以及气候环境特征进行详细的分析和调查，全面掌握地质探矿工程的数据。其次，还需要了解和掌握矿产资源的种类、建设规模以及建设数量，为后续地质探矿工作的顺利稳定开展提供有效保障。在实际工作开展的过程中，结合特殊的建设环境进行针对性的分区发展，全面地分析地质条件，保证后续工作能够积极和有效地执行。

第一章　地质勘探的基本理论

第一节　地质勘探工作要点

在科技和经济的推动下，我国基础性工程建设进入一个崭新的发展阶段。工程建设的发展为工程地质勘探既带来了机遇也带来了挑战。工程建设是一项消耗资源和时间的复杂工程，其中还有多个分支项目。地质勘探的参考资料作为工程建设的基本依据必须确保其真实性和准确性。在地质勘探中明确勘探工作要点，分析科学的工作方法和布置技术才能为工程建设提供更加有效的防护措施和解决方案，保障建设工程的质量和安全。

工程建设项目作为一项巨大的工程是需要多个部门相互协调合作来完成的，在工程建设中每一项的细节都不能忽略，各个分支项目都是联系紧密、缺一不可的，所以要保证建设工程顺利进行，在进行地质勘探工作时就要细致严谨，有针对性、计划性地进行地质勘探，在确保获得准确标准的数据下为相关部门提供参考意见。建筑工程的安全性是十分重要的，为确保建筑的持久性与耐用性必须要了解当地的水文特点、地下岩石状况，以及地震区域和地质构造。地质勘探工作要根据工程的不同特点进行不同程度的勘探计划，只有有针对性地勘探才能更好地为基础建设项目提供更有价值的参考意见。

一、前期工作

（1）编写勘探纲要。在基础工程项目具备了明确的建造目标后，相关的勘探部门才能及时根据建设特点着手编制勘探计划和进程。勘探纲要是勘探工作开展的前提，为确保勘探的细致严谨性，勘探内容要包括全面，如勘探目标要明确、了解项目的基本要求和特点、对周边环境做出统筹的了解、计算勘探面积和深度等，同时要确保勘探设备良好、勘探人员技术专业以及各种工作合理分配明确，对即将使用的先进设备做出详细的说明。

（2）收集已有地质资料。环境因素是影响基础建设施工前后以及使用阶段的质量和安全的主要因素，所以在进行地质勘探前除了要有实地的观察，还需要翻阅和研究当地的环境情况的相关资料，确认其水文特点、地质构造以及地形地貌等，检查和研究当地是否出现过地震、洪涝等自然灾害，了解环境气候等因素会对工程造成的不利影响，有利于为基础性工程建设提供参考资料。

（3）相关项目的工程地质勘探实例。本节以一座中心商务区为例，该建设项目位于江阴市，其周围环境相对复杂，除了相邻的建悉尼路、建珠江路等三条城市道路，其南面还毗邻田地，但建造地段相对平坦。该工程楼层建造为 17 层，其中含有一层深度为 5 m 的地下室，其建筑构造主要采用钢筋、混凝土等材料，建筑总面积达 40000 m²，计划框架中单柱有 16000 kN 的承重能力。该地区的形成由远古时代的震动和岩层变形的沉积组成，属于冲湖积平原，该孔口高程 3.22 ~ 4.09 m。

二、勘探布置原则

该工程建造带的特点需要结合实际情况和工程的自身性质做出分析研究，对勘探工作的分配要合理布置。在项目工程的勘探中，勘探人员根据工程建设的具体地点和地质特点共钻孔 22 个，钻孔方法采用网状布孔形式。根据岩土地质的不同，勘探点之间的相互距离也不同，如果没有出现特殊的变化，勘探点的距离维持在了 25 m 左右。勘探点深度的设定需要根据桩长的设计和地质特点来设计，如该地质特点为 10 层细中砂，经过对实体基础桩基的计算后，控制性的勘探点的勘探深度要保持在 70 ~ 80 m，一般性的勘探点保持在深度 55 m 左右。如果地质特点为 8 层粉细砂土或 3 层淤泥质粉质，则勘探深度需要根据不同的地质采取不同的深度。

（一）工程地质勘探

在工程地质勘探过程中，勘探是获取主要信息的重要手段。在地质工程勘探过程中采用的勘探方法和技术需要综合基础建设的特点、勘探纲要的计划以及实际地段的地质特点和自然气候等综合因素进行考虑。目前在勘探工作中使用较多的就是挖探、钻探、物探等技术。

（1）坑探和槽探是挖探两大勘探方法，对于勘探方法的选择还是需要根据地质特点来决定。在采用坑探或槽探时需要注意地下水位的深度和分布，并且要时刻关注地下岩土的结构等，结合断面的范围和地下水的分布来确定勘探的具体方式。进行挖探可以获取地下情况的部分代表性数据并且能够获得断面的展示图等。

（2）深层次的地段很难进行探测，所以钻探是最主要的深层次勘探方法。采用钻探方法时应注意岩芯管的厚度，钻探的来回次数和长度不可超过岩芯管，同时要确保岩芯采取率的质量，避免在进行钻探时对断层破碎面造成影响。在进行钻探的同时要确保滑动面等细节问题得到探测和解决。

（3）对工程地质的勘探主要是运用物理方法进行勘探，在勘探中该技术以探测到的岩土、水质等的物理性质为基础，采用直接观测或物理处理等方法进行勘探。声波勘探、放射性勘探、电法以及地震法等都是常见的物理勘探方式。物探主要采用的是物理方法，在勘探中会存在一定的局限性，所以使用物探获得结果后要及时与钻探等方式获得的资料相互补充、参考。

（二）工程地质勘探的注意事项

（1）加强工程管理。在工程地质勘探管理方面，管理机制和规范要做到全面化、合理化、科学化，从而使建筑工程有更有利的参考数据和信息。工程地质勘探要有一个统一的标准，所以要严格制定该标准，将工程地质勘探工作规范化。有了更好的管理制度，可以减轻管理者的工作压力，同时还可以提高工程地质勘探工作的质量和效率。各部门之间加强沟通了解，勘探工作人员、管理部门、行政部门、技术部门等要协调好关系，加强交流，避免信息传递失误，保证其准确性，使信息流畅，从而使勘探工作的进展更加顺利流畅。

（2）利用先进技术。地质中岩土的分布和特点等复杂烦琐，所以一般的勘探工具并不能满足数据的准确性和可靠性，为了更好地保证基础工程建设项目的质量，提高项目建设的效率，工程地质勘探部门需要及时地对勘探工具进行检测和更新优化，在科技飞速发展的时代只有适时、适当地引进高新的先进技术才能更好地保障建设工程的质量和安全。

（3）提高人员素质。加强工程建设中的管理力度和引进先进的机械设备是十分重要的一点，同时工程地质勘探人员的专业素养和职业道德也是不容忽视的一点。企业需要增加一些知识技术培训来提高岩土勘探人员的知识层面，更新相关的操作技术，同时要求新进相关勘探人员多向经验丰富的工作者寻求意见和指导，以提高自身的实践能力。

第二节　工程地质勘探技术

随着社会的不断发展，科学技术水平的不断提升，地质勘探技术在正常的国土资源调查过程中显得越来越重要。如何促进地质勘探技术的提升，促进基础工程的施工是现阶段国土资源勘探过程中需要重点考虑的问题。本节针对地质勘探技术及基础工程的施工研究展开了细致的阐述：首先，分析了地质勘探技术的背景；其次，分析了主要的地质勘探技术；最后，分析了地质勘探过程中主要基础工程的施工研究，对于促进国土资源的勘探有一定的指导意义。

所谓地质勘探，顾名思义就是结合不同地区的地形地貌特点，对于土地资源以及其存在的矿石原料进行开探。随着时代的不断变迁，社会科学技术水平的不断提升，为了迎合社会发展的需要，地质勘探工作也不断与时俱进，充分利用现代科学技术带来的优势，结合多种地质勘探技术，做到有选择性、有针对性，因地制宜，在具体的勘探过程中需要结合地形地貌合理选择勘探技术，确保勘探成果，促进对国土资源的合理掌控，同时也能不断提升地质工程质量。

一、地质勘探技术的背景分析

伴随着时代的不断变迁，科学技术的不断发展，我国的地质勘探技术也取得了长足的发展，在地质勘探技术发展的初期阶段无论是国土资源的勘探技术人员还是勘探技术都是相对比较落后的，但是在不断的发展过程中，特别是改革开放以来，地质勘探技术取得了长足的发展，地质勘探技术在不断丰富和革新，整体勘探项目的框架也变得越来越明确，越来越符合市场化的需要，地质勘探技术的应用变得更加广泛，所以具有非常广泛的应用前景。

二、地质勘探技术

（一）遥感地质调查

遥感地质调查是进行国土资源地质勘探的主要技术之一，在具体的勘探过程中主要包括以下几个方面的内容：首先，采用飞机或者人造卫星上面承载的传感设备将地面的信息通过反射或者辐射方式产生的电磁波将目的信息的具体图像信息以及数据信息接收；其次，进行主动遥感，从飞机或者卫星位置向地面位置进行电磁波的反射，然后将目的物所反射回来的信息接收。

（二）地质填图

地质填图也是进行地质勘探过程中经常使用的技术之一，采用该种方式进行地质检测主要应用于对矿产资源的勘探，采用地质填图的方式进行检测，将获得的地质信息展现在地形地质图中，具体的填绘的内容包括岩石层、断石层和褶皱区等。

（三）工程测绘与调查技术

伴随着科学技术的不断进步，采用工程测绘与调查技术进行地质勘探变得越来越成熟，随着科学技术的进一步发展，雷达监测、CT技术等在地质勘探中应用得越来越广泛。

（四）遥感技术

在国土资源地质勘探过程中，遥感技术也是一项经常被使用到的勘探技术。遥感技术包括很多种类型，其中在国土资源的地质勘探中常使用的是红外线遥感技术、卫星遥感技术、航空遥感技术等等。这些遥感技术的应用为我国的地质勘探工作带来了长足的发展，在地质勘探工作中发挥着重要的作用。使用遥感技术进行国土资源的地质勘探其重要的特点就是效率极高，采用该项技术进行勘探能够将地区的地形地貌及具体的地质结构清晰地表现出来，在大型的国土资源勘探过程中，遥感技术应用得比较广泛。

（五）工程地质原位测试技术

工程地质原位测试技术在地质勘探工作中应用得也非常广泛，主要应用的原理是动力触探试验，在进行试验的时候需要将具体的原位标准引用进去，然后结合地质特征及地基的承载力等指标进行地质勘探。该种技术在岩溶地域的地质勘探中应用得较为广泛，并且技术手段也是相当成熟。采用该种方法进行地质勘探，具有操作简单、成本不高等特点，因此应用相当广泛。

（六）地球物理勘探技术

地球物理勘探技术是进行国土资源地质勘探时常用的一类检测方法，它又可以根据具体采用的技术手段不同分为以下几个方面。

1. 地质雷达法

伴随着科学技术的不断发展，微电子技术也取得了快速的发展。地质雷达法在进行地质勘探的时候应用得非常广泛，相比较其他的地质勘探方法，地质雷达法有其不可取代的优势，如勘探速度快、在进行地质勘探的过程中不会对地质结构产生伤害、探测的结果可信度高。采用地质雷达法进行地质勘探，其勘探原理是利用电磁波的发射和接收来实现的，将发射和接收的时间差确定，然后计算出电磁波从发射到接收整个过程所经过的时间，通过对接收到的电磁波的具体位置进行观察，分析该地区的地质特点。

2. 三维地震勘探技术

三维地震勘探技术是一门综合性非常强的技术，它涉及的学科知识也是非常广泛的，主要包括物理学知识、数学知识、计算机知识等，相比较其他的地质勘探技术，三维地震勘探技术所获得的数据较为全面，信息量更大，对于地质信息的预测更加准确，能够得到更加清晰的构造图，通过对具体的振幅、频率以及相位等物理信息进行分析，可以得出具体的地质资源的信息，提高可信度。

3. 高密度电法

高密度电法也是进行地质勘探过程中常用的方法之一。所谓高密度电法，顾名思义就是结合土质的导电性不同，采用常规的电阻率法进行地质结构的勘探。该种勘探方法也是一种综合性较强的方法，通常将常规的电阻率法以及资料自动反演处理相结合，对于地质结构中存在的破碎处以及断层进行勘探。该种方法根据电阻率的变化对地质进行分层，计算出地层的厚度及深度等。但是该种方式有局限性，就是在使用过程中缺乏完善的数据支持，仅仅依靠该种检测方法不能确定地质情况，并且测定结果受外界的干扰非常大。

三、地质勘探过程的基础工程施工研究

在进行国土资源的地质勘探过程中涉及的基础工程的施工种类非常多，以下主要针对岩溶地区的桩基础施工技术展开阐述，主要从三个方面展开。

（一）冲孔灌注桩技术

冲孔灌注技术的具体施工原理是采用冲击钻机或者卷扬机将冲击钻头带动，将钻头升高到一定的高度，突然将其放落，使其以自由落体的状态下降。采用该种方式进行施工的优点是施工操作较为简单，可以进行连续性的施工，施工效率非常高，成本较低，对于各种类型的较为松散、松软的地层都非常实用。正是由于其广泛的适用性，所以在各个桩基础操作中得到了广泛的应用。但是由于施工不是在地上开展的，所以施工人员不能直接进行接触，很容易造成事故，因此需要在工程的施工过程中把好质量关。

（二）钻孔灌注桩技术

在岩溶地区使用钻孔灌注桩技术较为广泛，其中反循环钻孔最为常见。在具体施工时需要注意以下几点，当选择圆形钻头的时候需要将冲程保持得小一些，增加钻头的种类；当遇到裂痕渗漏的时候可以添加一些黏土，必要的时候可以添加小的碎石，尽可能地将钻头的冲程和悬距离减少。

（三）人工挖孔灌注桩技术

该技术的原理是人工和适当的爆破，配合简单的机具设备下井挖掘成孔，然后进行钢筋笼的安装。它由于施工简单、成孔机具少，因此得到了广泛的应用；但是挖孔过程需要较强的劳动力，单桩施工速度较慢，缺乏安全性。

综上所述，我国现阶段地质勘探技术取得了突飞猛进的发展，并且勘探技术也越来越丰富，在国土资源勘探过程中涉及的地质勘探技术越来越多，需要结合具体的勘探地质情况以及地理条件进行有针对性的选择，由于国土资源的地质勘探工作直接关系着国家对于国土资源的利用与管理，能够极大地方便人们对于国土资源进行合理的把控，结合勘探数据，制定防治措施，促进国家对宝贵的土地资源的良好利用，实现可持续发展。

第三节　矿山地质勘探问题及应对措施

在我国社会经济的发展过程中，矿产资源居于重要地位，具备非常高的价值。当前，我国正在大力发展社会主义市场经济，无论是社会经济，还是环境形势都处于不断变化之中，面对全新的发展形势，应当认真弥补地质勘探制度中的不足之处，及时查找出我国地质勘探领域中所存在的风险及问题，迅速制定相关应对措施，保证我国矿山地质勘探工作的质量与效率。

一、矿山地质勘探的重要性

随着我国社会和经济突飞猛进的发展与进步，矿产资源需求也处于持续增长状态。对于矿产资源开发领域而言，矿山地质探矿工程工作具有十分重要的作用。当前，无论是社会经济环境背景，还是找矿条件都处于持续变化中，增加了地质勘探工作的深化水平。在矿产地质勘探领域中，通过矿山地质勘探工作的开展，能够将其中存在的缺陷与不足之处查找出来，进一步开展相关研究与分析工作，并在此基础上，有针对性地制定一些解决措施，确保存在的问题得到妥善处理。

二、矿山地质勘探中存在的问题

（一）勘探技术风险问题

在开展矿山地质勘探工作的过程中，通常情况下，都会认为勘探工作由地表位置至地下位置不断深入，这样对勘探技术所提出的要求比较严格。由此可见，在矿产地质勘探技术领域中，存在着较高风险。一般来说，大多数矿产资源开采工作都是在野外进行的，所以施工环境具备一定的复杂性；与此同时，在开展具体工作的过程中，人类要想对深层地质条件深入了解存在很大难度。

（二）人员素质问题

在矿山地质勘探工作中，该工作具备非常高的专业性要求，定期对所有工作人员提出了明确要求。各个工作人员应当熟悉，并掌握矿山地质勘探理论知识内容。在开展具体工作的过程中，工作人员还应当对各种类型的机械设备熟练操作。除此之外，在开展具体工作的过程中，矿山地质勘探人员应当具备一定的职业素养以及高度的责任感。然而，大多数矿山地质勘探人员，虽然具备一定的理论知识内容，但是缺乏一定的实践经验，不能够对机械设备熟练使用。由于工作人员的职业素养与责任意识比较低，对工作的顺利开展造成一定程度的影响，并且容易引发安全事故。

（三）监管机制问题

矿山地质勘探工作这一工程项目，具备比较高的风险性，但其收益率比较突出。面对高额的收益回报，一些地质勘探单位会寻找可乘之机。倘若地质勘探单位，只是对经济利益进行盲目追逐，在开展具体工作的过程中，就会造成资源浪费问题，在增加人力资源的同时，也会实现相关成本费用的增长，明显提升了其经济风险性，对相关勘探工作的顺利开展造成了严重影响，不利于企业的长远发展。

三、矿山地质勘探问题应对措施

（一）切实提升专业技术水平

为了能够使矿产地质勘探技术水平得到持续增长，在开展矿山地质勘探工作的过程中，应当高度关注矿山地质勘探技术的改进与创新工作，从本质上能够明显提高矿山地质勘探经济水平，也应当进一步认识矿脉的各项参数。与此同时，还应当进一步熟悉矿化的具体情况，这样能够为后续探矿工作的正常开展创造良好条件。

在开始矿山地质勘探工作前，对于矿山地质勘探工作的前景，应当认真开展相关研究与预测工作，认真对矿山地质资源经济价值做出评价，确保该工作的精准性与科学性。之后，进一步区分各种类型矿区的地质环境。除此之外，为了确保探矿工程工作顺利完成，针对矿山地质，应当系统地分析。在此基础上，还应当根据矿产资源地质勘探路线方案以及相关规划，对各项勘探工作进行妥善处理，确保相关工作顺利完成。应当根据具体勘探要求与规定，并与勘探现场的具体情况紧密联系起来，对各项勘探技术进行选择与应用，确保所选用勘探技术的科学性与合理性，以此来有效地控制矿山地质勘探领域中存在的风险。

（二）提升人才培训工作的力度

对于矿山地质勘探领域而言，在一定程度上，矿山地质勘探结果的精确性会直接受到人才专业素质水平的影响。换言之，人才专业素质的水平越高，矿山地质勘探结果的准确性就会越高。反之，人才专业素质水平低，矿山地质勘探结果的精确性自然也不高。所以，在开展具体运行工作的过程中，相关勘探单位应当根据自身的具体情况，对具备一定适应性的激励制度进行制定，确保该激励制度的科学性、合理性以及高效性。由于社会环境与企业自身情况处于不断发展之中，应当对相关激励制度进行健全。关于特殊人才方面，可以利用绿色通道形式，使其直接进入该单位。为了能够明显提高勘探人员专业知识的更新换代速度，在相关的技术培训工作中，应当定期组织一定数量的人员参与进来，以此来使勘探人员的专业知识内容变得更加丰富，实现其自身专业素养的提升。

当前，我国社会经济飞速发展，对于技术型企业而言，其所面临的重要问题就是具备比较高的人才资源匮乏性，高素质人才严重缺乏。针对该情况，企业应当不断健全自身的技术人才培训机制，并对具备一定适应性的人才选拔与聘用制度进行建设，对其持续开展相关完善工作，确保能够对高素质人才进行选拔。与此同时，还应当根据各个岗位工作人员的具体工作情形，对具备突出适应性的奖惩机制进行建设。对于工作表现优秀的员工，应当给予一定奖励，对于工作中出现失误的员工，应当给予一定的惩罚，这样能够对其他员工起到一个很好的警戒作用，充分调动各个岗位工作人员的工作积极性与主动性。在开展具体工作的过程中，能够使工作人员顺利完成各项工作，在明显提升矿山地质勘探工作效率的同时，实现矿山地质勘探工作质量的提高。

（三）提升安全管理力度

探矿人员在开展具体工作的过程中，应当对安全问题给予高度重视，各项工作的开展都应当以安全为基础。对于地质探矿工程而言，安全管理这一问题具有至关重要的作用，只有高度重视安全管理问题，才能全面地保障矿山地质勘探工作的安全性与稳定性。

针对一些特殊工作岗位的人员，在开始相关工作之前应当经过系统培训，只有取得相关证件之后，方可开始相关工作。应当认真落实矿山地质勘探责任，将相关责任落实到具体责任人。与此同时，还应当对安全管理制度以及相应的规章制度进行建设，并不断地对企业进行健全，注重制定相关岗位责任制度，确保该制度的科学性、合理性与明确性，尽最大努力确保工作人员安全培训工作的顺利完成。

只有在全面保证地质勘探工作质量与效率的情况下，才能够对更多的矿产资源进行获取。随着勘探深度的不断提升，其工作难度系数也在随之增加，明显加大了地质勘探工作的风险，矿山地质勘探工作与后续矿山资源的开发利用存在着十分紧密的联系。因此，应当对现阶段我国矿山地质勘探领域中存在的问题及风险做出系统分析，并针对性地制定相关处理方式方法，以此来明显提高矿山地质勘探工作效率与质量，推动我国矿山地质行业的发展与进步。

第四节　市政道路工程的地质勘探研究

随着我国经济各方面建设的不断推进，对市政道路工程的建设要求越来越高。由于我国地域广泛，道路工程施工地质复杂多样，有必要针对地质勘探程序，对各个环节进行分析，从客观影响因素及主观影响因素两方面入手，结合实际施工情况，明确工作重点，加强研究和改进，做出有效的施工策略，提高工程质量，缩减工程期限，为我国市政道路建设事业保驾护航。

地质勘探是市政道路工程的关键环节，需要给工程提供各方面施工的地质资料，但是，由于建设施工地质条件的限制，一些现有勘探技术和设备无法满足测量需求，这就严重影响了工程的进一步设计，以及后期的整个工程建设。新形势下，为了保证市政道路工程满足城市等建设要求，应增强勘探人员的专业素养，积极引进先进技术和设备，从而达到预期的建设效果。

一、市政道路工程地质勘探的目的

目前，我国市政施工单位普遍采用静力触探和钻探等技术来进行地质勘探，主要是对施工路线、场地进行地质勘探，测量相应范围内的地质组成成分、含水量、岩层结构、稳定性等，得出较为精准的数据，为之后的工程设计环节提供准确可靠的理论依据和设计参数。此外，还应当对测量得出的结论进行分析，对不利于施工建设地质提出一定的建议，保证后期的路基设计、路面结构、压实加固等操作的正常进行。

当然，市政道路工程的前期地质勘探有一定的测量目标，这需要工程前期设计路线、规划布置平面图的支持，根据图纸以及标注信息进行合理性勘探，针对不同的建筑用地采用不同程度的勘探强度，突出工作重点，节省工作量和勘探费用。另外，地质勘探有利于对建设施工地点进行定性分析，对于是否可以改造使用做出明智的判断，防止出现地质塌陷、开裂等情况而造成不必要的人力、物力损失。

二、市政道路工程勘探规范化

随着市政道路工程建设勘探等一系列技术的成熟，我国也出台了相应的施工建设规范，用于限制工程建设的随意性，提高工程建设水平，推动工程建设的进步。市政工程勘探工作有一定的特殊性，针对城市、地区的不同，建设施工主体地质也有所区别，因此，在遵守国家相关规范、标准的同时，还应当积极履行当地市政管理部门的相关勘探规定。另外，道路工程在实际建设过程中，经验是至关重要的，勘探人员在符合国家、地方等的规范的同时，应该积极根据自己的工程勘探经验，做出有利于工程进行的判断。工程勘探规范随着运行会有很多的变动，这也要求工程地质勘探部门，有效结合新老规范要求，尤其是岩土层方面的检测勘探，认真分析，有舍有得，积极创新，在满足市政道路工程设计、建设的基础上，节省勘探工作量，推进工程正常进行。

三、市政道路工程地质勘探的主要任务

明确工程地质勘探的目的之后，认真研读需要遵守和满足的一系列勘探规范，做到心中有数，然后进行实际的勘探任务。

首先，工程类的勘探工作，需要到施工一线进行实地勘探。到相关部门查询该地的相关地质资料，有个大致的了解，有针对性地进行技术和设备的调整，勘探场地的岩土层、含水量、土质成分、稳定性等，根据测量得出的数据进行前期的评估报告说明，为市政道路工程建设规划和方案选择提供有利依据。

其次，初步定性勘探工作之后，为了完善工程平面布置图，应当进行地质的定量化勘探，将地质分析数据数字化，提供客观的理论数据，得出可行性结论。

最后，整合工程勘探任务成果，通过钻探、静力触探等手段对地质进行勘探，针对地基建设、边坡处理、基坑支护、地震效应等方面综合考虑，结合不良土质特性进行分析，做出相应的评价和建议。

四、市政道路工程勘探过程中存在的问题

我国地域广泛，地质情况复杂多样，道路工程建设有一定的难度。比方说，目前市政道路工程建设主要位于城区，在实际勘探过程中受到市区环境的限制，迫于交通压力的影响，无法采取钻探等手段进行勘探，影响了测量工作的准确度。通常情况下，市政道路工程在建设之前，针对这一地域有着一定的勘探资料，但是由于相关管理部门保管不妥善，不能再次利用，增加了勘探工作量。由于我国道路工程勘探技术发展起步较晚，在技术、设备等方面还有待改进，但是一些施工单位固守成规，不能准确根据地质、环境的不同灵活变通，导致出现勘探工作技术选用不合理、设备运用不恰当等问题，缺乏创新精神，没有做到积极结合建设经验进行改进创新，滞后了市政道路工程勘探工作的发展。还有勘探人员方面，由于工程建设规范不断更新，对勘探人员的技术水平有着更高的要求，但是勘探人员不积极学习新的专业知识，在进行勘探工作时，态度不积极，没有进行深入思考。更有甚者，为了省时省力，不合理地缩减勘探工作程序，致使工程勘探数据、资料有偏差，直接影响着工程后期设计和建设，造成不必要的损失。

五、市政道路工程勘探策略分析

为了提高市政工程的建设水准，有必要加强工程勘探的工作控制和管理，提出以下策略。

（一）工程地质勘探流程方面

政府相关部门对市政地质勘探工作的监督管理工作欠缺，致使施工单位在地质勘探环节偷工减料，不符合国家的相关标准，针对这一现象，首先应当建立有执行力的管理机制，限制勘探工作的随意性，实施全程控制。细化勘探流程，增加必要的监管程序，首先向勘探部门递交地质勘探委托书，包括工程初期平面布置图，坐标、高程等数据。明确勘探目标，不同的工程用地，选择不同的工程勘探强度。然后编制勘探大纲，主要是对采取的勘探技术、方案和设备等进行详细的说明，同时还要标注选取依据，根据施工案例结合实际情况，详细论述。其次加强质量控制，不允许随意更改工程初步设计，严格遵守国家和地方的相关勘探规定，高质量地完成勘探任务。最后还应当进行评审，由相关监管部门设计评审机构，根据勘探资料，结合实际考察，严格评审。从而提高整个勘探流程的水平。

（二）勘探人员和技术、设备方面

为了应对勘探人员积极性不高的局面，实行责任制度，将勘探任务分配到人，责任到人，与勘探人员的福利待遇挂钩，限制勘探人员的随意性，提高工作热情。另外还应当定期组织勘探人员进行专业知识学习，更新勘探技术，更有利于满足工程建设要求，同时更

加契合国家地方等勘探规定。在工程勘探技术和设备方面，不能固守成规，应当积极引进先进的勘探技术，购置先进的勘探设备，积极创新，技术和设备完美匹配，提高勘探效率，为市政道路工程施工提供强有力的理论支撑。

综上所述，想要提高市政道路工程建设水平，应当注重前期的工程地质勘探，明确地质勘探目的和任务，严格遵守相关规范，施行责任制，积极进行创新研究，利用先进技术和设备，完成高质量的工程勘探。同时加强管理和控制，推动我国市政工程建设事业的蓬勃发展。

第五节　水利工程地质勘探要点和降水处理措施

水利工程地质勘探工作具有较高的系统性和综合性，在具体勘探过程中一定要对多方面因素进行综合考虑，从而为水利工程选址提供更加可靠真实的数据，这也是不断提高水利工程选址合理性和科学性的主要途径。此外，还应该做好降水处理工作，从而更好地避免工程施工过程受地下水不良影响。本节就影响水利工程地质勘探工作的主要因素、水利工程地质勘探要点以及降水处理措施进行了简要分析。

一、影响水利工程地质勘探工作质量的主要因素

（一）人为因素

水利工程地质勘探工作相对比较复杂，勘探指标也体现出了多样性，这就需要充分结合多种专业技术，对勘探工作人员提出了更高的要求。在具体的勘探过程当中，工作人员应该结合以往的工作经验和专业知识对地质环境进行详细勘探。与此同时，勘探数据计算工作量也非常大，数据的准确性和可靠性与工程最终建设质量两者之间存在着非常紧密的关联。

（二）制度因素

就我国目前的情况来看，国家并没有出台有效的地质勘探政策，勘探体系当中存在很大的缺陷与漏洞。而且如今水利工程地质勘探市场竞争越来越激烈，各种恶意竞争频频不断。在水利工程地质勘探工程招标过程中，通常情况下都是以最低价中标，为了获取更大的经济效益，施工企业无法严格按照相关规范标准进行施工，部分企业就从地质勘探工作中节约成本，甚至省略该环节。这就不能为后期水利工程设计工作提供有效的参考数据，严重影响着工程的最终建设质量。

（三）设备因素

我国目前在地质勘探过程中相关软件设备、硬件设备以及设备管理制度都严重缺乏。随着科学技术的不断发展，地质勘探工作中各项指标也逐渐细化，想要不断提高勘探结果准确性，就需要对现代化高科技技术手段进行充分利用。如果在实际勘探过程中仍然沿用以往传统的勘探方式和理念，只是依靠人力劳动，势必会大大降低勘探精准度和勘探质量，甚至还会在一定程度上影响后期水利工程设计图质量。除此之外，如果没有一套完善的设备管理制度，现场就很可能有众多关系人员、设备参与到其中，部分钻探设备操作人员并没有经过正规培训，不具备专业技能和较高的综合素养，只是一味地谋求自身利益，施工操作不够规范，从而导致勘探设备出现各种各样的问题，大大降低了勘探质量。

二、水利工程地质勘探要点

（一）区域稳定性勘探

区域稳定性是水利工程建设过程中最为基础的一项内容，对工程后期运行状况有着很大的影响。在选择坝址的时候，工作人员一定要对施工区域和周边环境进行仔细勘探，对施工区域稳定性详细分析，从而更好地保证坝址选择的科学合理性。除此之外，相关工作人员还应该结合其他相关资料对区域的稳定性进行认真分析与研究，充分认识到区域稳定性的重要性，并结合地震监测部门所提供的资料来确定工程地震安全等级，不断提高坝址的可行性和水利工程后期运行的稳定性与安全性。

（二）地质构造勘探

只有做好扎实的基础工作，才能更好地确保水利工程建设过程顺利推进，不断提高施工质量。在对水利工程坝址进行选择的时候，周围地质构造对大坝的稳定性具有很大的影响作用，对水利工程最终建设质量也具有一定的影响。这就要求在工程开始施工之前，相关工作人员一定要对地质构造情况进行详细勘探，大坝建设区域必须有效避开地震活动范围。首先，地质勘探人员应该对区域构造资料进行充分收集与整理，结合勘探结果对断裂带可能存在的区域进行提前预测。坝址位置应该尽可能地避开断裂带，否则会严重影响大坝建设质量，甚至会引发大坝垮塌现象的发生，给当地造成非常严重的经济损失。总之，在对坝址进行选择的时候，一定要避开断裂带区域，坝基应该选择岩体较为完整的区域。

（三）岩土体工程地质勘探

岩土体性质和水利工程稳定性两者之间存在着非常紧密的联系，同时岩土体性质对水利工程坝址的选择起着决定性作用，所以在坝址选择过程中一定要对岩土体性质进行详细勘探。在水利工程建设过程当中，在对高坝进行修建的时候，特别是混凝土高坝，坝基一定要选择完整、质地坚硬、抗水性能好，而且透水性能差的岩石，只有这样才能更好地保证水利工程后期运行过程的安全性和稳定性。堤坝最终建设质量在很大程度上受岩石性质的影响，我国近些年建设的高坝当中，大多数都是建立在岩石质地非常坚硬的砂岩和麻岩基础上。

近些年我国水利工程建设规模不断扩大，遇到的岩土地基种类也不断增多，如喷出岩、石英岩、块状结晶岩还有混合片麻岩。不同性质的岩土体适用于修建不同类型的大坝，喷出岩具有较好的抗渗性和强度，是一种比较好的坝基岩体，这种岩体在我国东北、华北和东南沿海地区比较常见；块状结晶岩通常情况下适用于高混凝土坝的修建，因为这种岩体质地均匀，抗渗性能好，强度大；在实际建设过程中，需要注意喷出岩喷发时形成的断面非常脆弱，且存在松散沙砾石层和风化夹层，不利于大坝地基的稳定。混合片麻岩也是水利工程坝址选择中一种非常理想的坝基，但是这种岩体里面经常存在一定的软弱夹层和各向异层，所以一定要进行详细勘探，为坝基质量奠定坚实的前提基础。

三、降水处理措施

（一）井排降水技术

该方法主要适用于中小型，宽度小于150m的基坑，且基质土壤的渗透系数在 $1.0 \times 10^{-4} \sim 1.0 \times 10^{-3}$ cm/s 的基坑降水处理中，其主要优点为：降水效果明显、井距可实时调整、可实现集中排水、工序简单、施工便捷等。但在实际应用过程中，对地质结构有极高的要求，需要和明排水措施结合使用。本工程基坑地下水位埋深为3.5m，渗透系数为 1.5×10^{-4} cm/s，而且距离水源较远，在实际应用过程中，井的深度和井的间距布置要通过水力学进行计算，以确保降水的效果。

（二）轻型井点降水技术

轻型井点降水技术通常情况下应用于那些土壤含水量大、施工现场岩性复杂还有地下水位比较高的区域。这种降水技术可以很好地满足土壤基坑和渗透系数比较大的粉砂施工实际需求。除此之外，当采用井点降水方案效果不好的时候也可以换用这种方案。和其他降水技术相比较而言，此类降水方案具有以下几个方面的优势：首先，对基坑土质的要求并不是很高；其次，有效封闭基坑周围的地下水；再次，在操作过程中只需要考虑支管的深度和管距，只要保证了支管安设的科学合理性，就能不断提高降水效果。当然该降水技术也存在一定的缺陷，如施工工艺比较复杂，施工成本较高而且施工技术含量也较高。

（三）挖垄沟降水法

挖垄沟降水技术主要应用在我国一些年降水量大且基坑深度较大的南方多雨地区，北方少雨地区也会有一定的面积应用，主要是土壤渗透系统较小的黏土或者是亚黏土地带。

这种降水方案在实际应用过程中具有以下几个方面的优势：比其他几种技术的施工成本更低，施工工艺也更为简单，对施工区域的水文地质和基坑大小要求也不是非常严格，在具体施工过程中还可以结合实际情况对施工进度进行适当调整。除此之外，还实现了地表积水和地下水的融合，简化了施工工序。和前面两种降水技术相比较而言，不足之处就是会限制基坑周边的地下水深度，想要降低地下水位就需要跟随基坑施工进度进行不断的挖深和疏通处理。

目前我国江苏省淮河入海水道施工过程中就采用了该项技术，效果非常不错。该地区由于常年多雨，上层土壤多为砂土，下层土壤多为黏土和亚黏土，所以土质保水性能非常好。在具体应用过程中，还需要充分结合工程实际情况制定最为科学合理的降水方案，尽可能不影响施工周期，避免因为施工周期延长而浪费经费。

总而言之，在国民经济发展过程中，水利工程扮演着十分重要的角色，想要不断提高工程的最终建设质量就必须做好前期的地质勘探工作，特别是对施工区域岩土体、地质构造以及土质稳定性进行详细勘探和充分了解，从而保证选址的科学性和合理性；与此同时，还需要采取恰当的降水处理技术，为水利工程最终建设质量奠定坚实的基础。

第六节 建筑工程地质勘探的问题与应对

随着现今经济水平的不断提升，我国建筑行业的发展速度也在逐渐加快，而工程地质勘探工作作为工程施工安全的首要前提，其保障了建筑工程的安全性与稳定性。而现阶段，由于一系列因素的影响，建筑工程地质勘探中出现了一些问题，这对建筑工程的整体质量与水平有着重要的影响。基于此，本节在阐述建筑工程地质勘探的基础上，分析了现阶段的常见问题，并总结了相应的应对策略，以期为建筑工程的后续稳定发展提供一定的借鉴。

在人们普遍注重建筑工程质量安全的背景下，建筑工程施工单位只有确保工程项目设计阶段、施工前期与后期的安全，才能保证整个工程的安全。现今，为了实现其有效性，建筑工程单位在施工前期逐渐开始重视地质勘探工作，其作为建筑工程项目正式开工前的首要工作，对岩土等的勘探可以为后续的施工工作提供翔实可靠的依据。对此，相应的建筑单位必须对建筑工程地质勘探工作予以重视，并对其常见问题进行分析，采取合理的应对策略来促进建筑工程整体水平的提升。

一、建筑工程地质勘探概况

建筑工程地质勘探主要是对建筑工程施工场地的地质环境进行研究，并通过测绘、勘探、实验等方法来对其进行相应的分析与评估，从而全面掌握该场地的地质条件，以为后续的建筑工程的规划与设计等提供准确的数据与理论基础，进而促进施工工作顺利开展。

而在具体的地质勘探过程中，其勘探的对象主要包括地形、地貌以及地质等内容，地质勘探工作的质量优劣对地基设计的质量有着直接的影响。因此在实际操作过程中，相应的地质勘探人员必须对该工作中存在的问题进行探究与分析，通过合理的措施来予以解决，进而保证地质勘探工作的质量，推动建筑工程质量与经济效益的提升。

二、建筑工程地质勘探常见问题

（一）建筑工程地质勘探工作未受重视

在现今的建筑工程施工工作开展前，相应的施工单位必须要在施工工作进行前开展相应的地质勘探工作，其可以为后续的设计工作提供大量的地质信息，从而保证地基设计的合理性，为工程初步确定设计方案，而后续的施工工作可以根据具体的设计方案来开展。而现阶段，在实际的地质勘探过程中，由于施工单位以及大量的工作人员对地质勘探工作的重要性认识不足，很多建筑工程在前期并未安排专业人员来进行相应的地质勘探工作。有的施工单位尽管成立了相应的地质勘探小组，但由于大多数的工作人员都没有认识到勘探数据的重要性，在实际的勘探过程中仅仅将其作为一个数据信息基础，在实际操作过程中往往比较懈怠，加之很多的地质勘探工作人员的理论知识不足，综合素质较低，这对地质勘探工作产生了严重的限制，这在一定程度上影响了地质勘探工作的质量，也导致建筑工程的安全难以得到保障。

（二）建筑工程地质勘探工作水平有限

现阶段，在建筑工程施工过程中使用的地质勘探技术日新月异，很多建筑单位都开始重视地质勘探技术，但由于关键地质勘探技术水平有限，地质勘探工作的有效性较低。例如，在很多建筑工程单位的实际地质勘探工作中，所使用的勘探设备较为陈旧，不能满足实际勘探工作的需求。同时，还有很多建筑工程单位使用的地质勘探技术手段较为落后，勘探方法还是遵循以往的操作，这难以满足日趋提高的建筑工程地质勘探要求，也不能够为后续的勘探报告提供良好的依据，这不仅会对施工单位的施工进程造成一定程度的影响，还会对施工单位的经济效益产生消极影响，从而阻碍其后续发展。

（三）建筑工程地质勘探工作制度缺失

近些年，建筑工程行业的发展呈现出迅猛的发展势头，而社会大众对其安全性也越来越关注，为了确保建筑工程的质量与效益，很对建筑工程单位开始重视地质勘探工作，其可以为后续项目的开展提供一定的指导与依据，从而掌握建筑工程的实际工程背景与概况，以达到最佳的施工效果。但现阶段，由于很多建筑单位在具体的地质勘探开展过程中缺乏一定的制度规范，很多建筑单位在实际的勘探过程中并没有根据建筑工程的性质与施工内容来设立相应的管理制度与监督制度，这使勘探工作难以有序进行，无论是技术层面，还是人员、设备方面，都难以满足建筑工程地质勘探的要求。这些降低了地质勘探工作的有效性，也为后续建筑工程的进行埋下了安全隐患，不利于施工单位的后续发展。

三、建筑工程地质勘探中常见问题的应对方法

（一）提高建筑工程地质勘探工作的重视度

鉴于地质勘探工作在实际操作过程中存在的问题，相应的建筑工程施工单位以及管理人员必须树立重视地质勘探工作的意识，在施工前期提高建筑工程地质勘探工作重视度，增加对地质勘探工作的投资力度。在开展相应工作前，相应的管理人员要根据建筑工程的性质来制订一个科学、合理的计划，在进行基础设计之前，要安排专业的人员对该项目的实际情况进行分析，对各方面因素进行全面分析，对场地环境等进行检查，在经过探究后制定相应的地质勘探规划，该规划不仅需要对勘探事项进行具体明细，还需要对相应的地质勘探人员的工作进行明确分工，使勘探人员可以根据具体的要求来进行勘探工作，从而确保勘探结果的准确可靠。同时，相应的设计人员与勘探人员也要注意提高自身的专业意识，在实际施工过程中要认识到建筑工程地质勘探工作的重要性，结合建筑工程地质勘探要求与常见问题来执行该项工作，树立责任意识，从而保证工程基础设计与勘探工作的质量。此外，相应的施工单位也要注重提升勘探人员与设计人员的综合素质，定期或者不定期地开展培训指导工作，在实际的项目开展中引进一些专业性较强的人才，在具体的施工过程中注重经验分享与研讨，从而保证各个工作人员有效落实工作，进一步提高项目勘探设计的总体质量。

（二）采用新型建筑工程地质勘探技术

为适应建筑工程发展的需要，施工单位在提高地质勘探意识的同时，还要注重学习新型建筑工程地质勘探技术，紧紧跟随时代的发展，对地质勘探技术的更新与发展有一个全面的了解。在引进新技术的实际过程中，地质勘探单位首先要对新型地质勘探技术进行学习与研究。在此过程中，要结合建筑工程的实际背景，对新型技术在建筑工程地质勘探工作中的运用进行测试与试验，并对建筑工程项目的实际要求进行分析，结合各方面的情况来引进新型技术。在实际的运用过程中，要根据建筑工程项目的具体条件来确立相应的勘探设备，从而发挥出新型地质勘探技术的作用。通过先进的勘探技术来提高地质勘探工作的质量以及效率，确保地质勘探水平不断提升。

（三）完善建筑工程地质勘探制度

为了确保建筑工程地质勘探工作的有效性，必须完善相应的地质勘探制度，为后续的工作开展提供一定的制度支撑，从而确保勘探工作的质量。在实际的制度设立过程中，相应的施工单位以及地质勘探单位要结合已有的制度，在以往的制度上进行完善，有机结合

制度规范与和合同管理。针对地质勘探过程中的相应问题设立合理、有效的监督制度，对地质勘探人员的具体工作以及工程的进展进行监管，从而获得施工现场的实际情况，使各项工序可以有序进行。此外，还要严格管理建筑工程地质勘探报告，对报告中涉及的相关材料以及数据进行严格审核，确保地质勘探工作的效能最大化地发挥出来，推动建筑工程项目顺利完成。

综上所述，地质勘探作为建筑工程中的重要工作，其可以为后续的施工工作提供准确和详尽的地质内容，有助于工程施工安全、顺利完成。因此，相应的施工单位以及地质勘探部门必须加强对勘探工作的认识，采取有效的策略来改善其现状，确保建筑工程质量。

第七节　水利堤防工程地质勘探策略

为了进一步分析水利堤防工程地质勘探技术，相关研究人员深入工作实际，不断总结更加完善的技术措施，以此保证勘探质量。希望通过进一步研究，能为相关工作的开展提供有效的技术保证。

在水利提防工程建设过程中，为了提高建设效率，要重视提高地质勘探水平，以此才能提高水利堤防工程施工质量，具体分析如下。

一、水利堤防工程地质勘探技术

（一）勘探布置

在进行堤防工程地段勘探时，需要对勘探进行布置，采用最少工具获得更多的地质数据与材料，根据工程设计要求，合理设计勘探布置。对此，首先要对已掌握的数据进行综合分析，了解所取得的地质材料信息，合理布置勘探坑孔，确定关键位置，保障数据获取的全面性、完整性。但在进行实际操作时，大部分企业并未重视对已获取数据的整理，粗糙地进行勘探布置，导致工艺操作流程不满足严谨性要求，进而难以实现对数据准确、全面的掌握，堤防工程的地质情况数据存在一定的不足。

对于此类情况，需要在施工之前，进行标准、规范的地质勘探，根据相关要求确定勘探工作的全面细致性，根据法律规范进行针对性的勘探布置，根据收集的资料不断地进行布置计划调整，完善勘探测绘工作的准确性。在进行施工前，需要对待施工区域内的关键地质状况进行确定，了解漫滩、河床、地层岩性、含水层厚度等基本内容。全方位掌握堤防工程的基本地质状况，为后续工艺准备提供参考数据，在此基础上，对地质问题进行针对性分析，做好预判工作，结合工作经验，保证勘探工作的有效性，为有序开展勘探工作提供保障。

实际工程中要结合工程设计要求进行合理的勘探布置工作，结合施工现场的地貌地形等科学布设勘探线、勘探网，对拱坝、箱基、桩基等勘探点进行精准布置。现阶段，实际工程施工中常见的勘探方式包括坑探、钻探、室内试验、取样、槽探等，需要结合不同的施工地质条件进行择优选择，对特殊地段也可采用综合使用的方式进行地质情况探析。完成沿线布置后可根据堤防工程的基本等级对孔距进行科学布置，进而勘探横断面。结合工作经验与施工环境，常见的勘探点布设于堤角处、堤顶登处，也可根据场地的特殊性进行不断的调整。

（二）勘探深度研究

在进行水利堤防工程地质勘探时，需要对探孔深度进行把握。此时需要根据工程堤防等级需求，地质情况、地质问题等多方面因素进行综合考量。若堤身透水层强度较弱，需要根据标准要求设计勘探孔深度，保证孔深为堤身高度的两倍；若堤身有较强的透水性，含有软水层时，需要适时增加探孔深度，保证其满足渗流要求。在此过程中需要注意，如在丘陵区修建堤防工程时，需要结合特殊地理环境、暴雨洪水等自然灾害，考量溃堤事故等，控制勘探孔深度，避免肆意减少相关深度，尽量保证一层性勘探可顺利获取数据结果。

在进行实际勘探时，钻孔要确定合理数量，通常情况下要保证为堤外 1~2 孔，堤内是 2~3 孔，控制孔距为 20~100 m，若地质条件相对简单，可适当缩减勘探孔数量。若勘探过程中存在涵闸建筑物，需要确定孔深可深入闸底板以下区域，孔深为闸底板宽度 1~1.5 倍；若勘探孔位置在岸堤处，需要深入河床 5~10 m 进行勘探；勘探地形地貌较为复杂的区域时，可将勘探孔深入至强风化岩石顶部。

（三）取样及其试验

堤防工程中，地质取样工作是最重要环节之一，主要包括对水体、土体的基本取样。

通过在目标区域内钻孔，待勘探孔达到标准深度要求后，可开始进行钻孔取样，完成岩土物理性质研究探析后，可进行地下水样提取检测。通常情况下以双管钻进、螺纹钻进进行土体取样，控制回次进尺在标准的范围内，同时对钻进过程中的钻孔速度、塌孔速度、缩径速度、涌砂情况等进行确认，详细记录相关数据。利用快速连续压入的方式保证土样、沙砾受到最小的干扰。在采用扰动方式进行沙砾料取样时，需要拌匀处理全区土料，及时取样封存。

完成基本取样工作后，便可开始进行试验操作。对取样进行勘探试验是进行堤防建设的重点工作之一，其对工程建设设计影响较大。根据堤防工程建设的基本操作工艺需求，可知在进行基本试验时，主要的包括室内土工试验、现场原位试验，具体包括动力触探试验、静力触探试验、贯入试验等等。结合室内试验进行岩土颗粒、含水量、渗水指标试验等，详细掌握地下岩土的基本情况，进而对地下水进行实时监测，布置专门的钻探进出孔，进而便于水样的提取、监测、存储。

二、水利堤防工程地质勘探的重要技术

（一）物探技术

物探技术属于采用物理方式勘探地质信息，其主要是借助相关的机械仪器对地质数据进行探测，观测勘探区域内工程建设地点的物理条件，实现对数据的全面收集，在此基础上分析、处理数据，进而判断地质结构，确定地下物体的具体位置、物体大小、深埋度参数等。在现代化科学技术的影响下，物探技术逐渐向信息化、机械化水平发展，采用先进的勘探仪器进行地质探析。常见的是使用声波仪、增强式地震仪、透视仪等获取精准的数据。此类仪器具有较小的体积，便于携带，能量消耗较小，使用稳定性较强，可有效地发挥物探优势。在进行地质物探时另一种常见技术便是地球物理层析成像技术，其应用广泛，可通过对钻孔的利用，测定发射电磁波、接收电磁波的波速，进而准确判断、评价地质的基本情况。

（二）地理信息系统

利用 GIS 技术可实现地理信息数据的详细探测，在此基础上可实现自动化绘制相关柱状图、平剖面图、等值线图，实现对图像的高效处理，增加对数据的存储管理能力，同时利用分析能力对数据进行判断。现阶段使用最为广泛的 GIS 技术系统便是 MAP-GIS 系统，此系统技术以 MAPCAD 为基础，在数据处理的各个方面均含有大量优势，并且系统中含有丰富的绘图功能，可完成高质量、高精度的地质图绘制，为需求对象提供强大的数据查询服务，为数据平台提供整合资源，保证信息的全面性。

（三）遥感技术

采用 RS 技术，可有效对水利水电工程实施可能性的评估。通过与其他技术的融合使用，可大大提升勘探作业的高效性。利用 RS 技术可在野外进行针对性的勘探，保证勘探工作的针对性，避免盲目地进行野外勘探。利用 RS 技术可有效减少工作人员的任务量，大大提升选址、选线的价值，有序拓展可勘探面积。与计算机技术相结合自动绘制完成地形图，增加其在地理位置检测、水文气候测定中的应用价值。在实际水利工程地质勘探中，RS 技术有利于实现长线地区勘探，效果显著，可应用于大型工程之中。

（四）全球定位技术

采用 GPS 技术主要是可有效弥补传统观测技术中存在的不足，对信息数据进行高效的、全天候的采集与测量。此技术应用简单、操作便捷，通过简单培训即刻上手。应用 GPS 技术可准确获得水利工程中的地质数据，数据采集耗时较短、存储率较高、处理迅速、精确度较高。应用此技术不仅可以准确高效地测量地质数据，同时可实现对数据的快速处理，

大大提升数据的可利用率。此技术可应用于对不同地区之间地质信息的勘探之中，可实现多区域的数据转换，拓展数据勘探空间。GPS 技术操作便捷，可有效地减少勘探人员的工作量，保证勘探数据的精准度，大大提升地质水文的勘探效率。

总之，本节通过有效的实践研究，总结了水利堤防工程地质勘探的应用对策。希望能够进一步提高水利堤防工程施工效率，从而为国家各项事业发展奠定良好基础。

第八节　基础地质工程与地质勘探应用探讨

对于工程项目而言，基础地质工程及地质勘探技术的应用，能有效地保证工程质量的最终顺利进行和科学高效的管理控制，是必须要研究和探索的技术内容。当下，随着信息技术的飞速发展，地质工程已经有了很大提升，传统的技术已经无法适应当下的发展，因此，在基础地质工程及勘探技术工作中需要每位工作人员富有创新和思考精神，在不断提升自身综合素质和技术水平的基础上，实现基础地质工程的不断发展。

经济和技术的飞速进步，使大规模的土建工程项目越来越多，也得到了社会和人们的重视。为了使这些更加复杂的土建工程项目高质量地完成，确保工程建设目的和需求的高度满足，就需要不断创新各类施工技术，且从工程开展流程上进行全方位把关。

一、基础地质工程开展地质勘探的意义

在基础地质工程中，利用地质勘探技术能够实现对各类型区域的功能进行科学划分的目的，其中勘探过程所记录的数据资料信息将是后续开展技术施工的必备参考资料，是整个工程质量和安全得以保障的重要基础。地质勘探技术性和科学性的不断提升，将直接有助于基础地质工程有效完成，具有十分重要的意义。

（1）工程顺利开展的前提。我国地质地貌条件复杂多样，并根据自然环境和时间推移发生不同的变化，简单地从外部观测难以精确了解工程施工地点的整体地质条件，只有通过专业精确的地质勘探工作才能实现全谱系的分析。因此，严格科学的地质勘探工作将会为后期的工程施工提供最切实的参考，有助于相关问题的解决和工程的顺利开展。

（2）工程施工质量的保障。利用当代先进的勘探技术和设备进场数据的采集和分析，能够为工程项目的具体开展提供方向。精确全面的地质数据分析为基础地质工程的高质量完成带来了保障，并有助于在后期遇到问题时及时解决，保证了工程开展能无阻碍地进行，是一项不可缺少的必备工作。

（3）提升施工安全的必要措施。工程施工过程往往存在许多未知的隐患，但是通过前期开展细致的地质勘探工作，尽可能地全面了解施工场所的地质状态，可以充分结合地理环境选择科学合理的施工方案，大力规避施工中难以预料的意外，有力保证工作人员的人身安全。

二、基础地质工程与地质勘探采用的常见技术

（1）全球定位系统。全球定位系统的应用能有效地确定工程项目的建设规模和具体参考参数，并有助于项目设计和施工开展。随着技术的更新换代，现有的全球定位系统已具备较强的精度，能有效地检测不同地质的施工条件和特点，规避后期可能出现的意外。其 7×24 小时、远程操控和低落实条件等使用特点，都使其成为最普遍利用的技术之一。

（2）遥感技术。在对基础地质工程进行地质勘探时，利用遥感技术能够实现广阔的视野勘探，并通过科学布置遥感传感器实现遥感图像的高效传输，实现数据的多层次统计。现有的遥感技术已经能确保传输高质量的图像，是工程项目开展地质勘探的有力助手。

（3）地理信息系统。随着现代社会中基础地质工程规模的不断扩大，越来越复杂的数据需要分析和利用，这就使地理信息系统的应用非常重要。通过利用地理信息系统来对各类型复杂的数据进行分析计算，在确保数据资料全面性和细致性的基础上，实现大力提升地质勘探的实际效果，充分发挥地理信息系统的应用价值。

（4）工程地质测绘。通过现有的先进的工程地质测绘，利用探测到的各类型数据，对工程地质分布进行最有效的三维描绘，将有利于基础地质工程的整体工程设计和施工指导，其更便捷的操作和更加形象具体的展示将会大力提升基础地质工程的发展。

（5）钻探、槽探、地探技术。钻探技术主要是对项目所在地的土壤及岩石层进行勘探，明确该地区的地形地貌特征。槽探技术主要是应用于一些地形条件较为复杂的地区，能够深入地质内部结构进行数据测量和信息采集。地探技术则主要适用于地质金属含量的勘探，其操作和设备都具备较高的要求。

三、基础地质工程与地质勘探应用具体探讨

（1）初勘阶段。在初勘阶段，主要开展地质、地下水及施工场地的勘探。其中，地质勘探主要是对工程所在地的周边地质环境进行勘探和测量，是最重要的一项勘探工作，其勘探的结果是项目得以开展的最基本前提，也是工程效率实现的重要保证；而地下水勘探主要是确保施工场地地下水情况能否顺利保证项目进行，并通过科学分析减少地下水对施工进程的影响，是影响基础地质工程实施价值的重要勘探内容；至于施工场地的前期勘探主要是为了规避可能会影响后期施工进展的现场因素，通过分析勘探结果中显示出的各类干扰因素，来选择相对应的预防控制措施，保证后期施工顺利进行。

（2）分析阶段。完成勘探工作中对数据和参数信息的采集，就需要进入深入的研究分析阶段，这是整个地质勘探工作的重点。总体而言，在这一阶段，要确保勘探信息的全面，并保证工作人员的经验和技术，在多角度全方位的分析中进行方案的优化、调整，保证工程的高效高质、安全。

（3）详勘阶段。进入详勘阶段后，需要对地质特点进行定性定量评价，通过掌握项

目地质的整体特点、成因及后期可能发生的变化，来合理选择后续勘探技术，并根据精准预测可能会发生的情况来制定完善的预案和措施，并保证施工完成后对该地区地质、水源和环境的保护。

（4）后期勘探。基础地质工程的后期勘探阶段主要是审核最终分析结果的科学性和可靠性。通过仔细核对勘探的方法、内容和数据的准确性，分析控制工程整体项目的质量和安全。对于一些特别突出的问题，工作人员要仔细排查所有的不良隐患，并结合实际情况提出多种可选的解决对策，来避免工程开展后期会发生的问题。

开展基础地质工程和地质勘探工作的应用研究是提升土建工程项目质量和安全的重要内容。本节从地质勘探意义、主要技术手段、不同阶段应用探讨三方面对这一问题进行了阐述和分析。希望业界能不断围绕工程流程和技术手段进行创新研究，在提高工作人员综合素质的基础上，实现地质勘探工作的实用性和科学性，提升我国基础地质工程的国际水平。

第九节　岩土工程施工中地质勘探相关技术探究

通过合理的地质勘探工作能够充分了解岩土工程施工实际地点的地质状况，进而为相关管理人员提供可靠的地质依据，从而在结合实际情况的基础上，制订出符合实际施工情况的最佳施工方案。为此，本节在详细分析了解地质勘探工作在岩土工程中所具有的重要意义的基础上，进一步分析了当前我国岩土工程地质勘探工作方案。

岩土工程施工过程中，需要做好相应的施工前期准备工作，其中就包括对施工当地的地质勘探工作。为有效地保障地质勘探工作的效率和质量，相关工作人员可以在进行地质勘探工作的时候使用先进的现代化地质勘探技术。只有地质勘探结果的准确性满足施工要求，才能够让相关工作人员在充分了解施工地质特点的基础上，针对施工地质中存在的问题制定科学合理的最佳施工方案，保障岩土工程的整体建设质量。

一、在岩土工程中进行地质勘探的重要意义

对于地质勘探工作而言，其作为我国岩土工程中的基础工作之一，需要应用到比较多的施工技术以及勘探方法，但是当前我国在地质勘探工作上还存在下述限制因素：一是勘探工作的水平比较低；二是施工技术相对比较落后；三是施工设备不够先进；四是科研成果比较少，这些因素的存在很大程度上限制了我国岩土工程质量的进一步提高。

也就是说，传统的地质勘探技术已经不能很好地满足当前我国岩土工程地质勘探工作的实际需要。为了能够更好地适应当前勘探工作发展的需要，相关工作人员就需要进一步加强对新技术研发的重视，并通过对岩土施工流程的进一步简化，不断提高岩土工程地质勘探工作的效率。

二、岩土工程中施工方案探究

（一）岩土工程中的地质测绘

对于岩土工程施工而言，其工作内容具有明显的复杂性，为有效地保障地质勘探工作的质量，相关地质勘探工作人员就需要做好相应的思想准确，并以此为基础进行下述相关工作的开展：其一是详细调查岩土工程施工地点的地质信息；其二是要对岩土工程施工中所存在的地质问题进行合理的解决；其三是要根据实际情况对施工当地的地质改造工作给出合理的建议；其四是要及时反馈监测获得的施工当地地质信息。传统意义上的岩土工程地质勘探工作程序相对比较简单，勘探工作人员只需要对工程的下述情况进行调查：一方面是施工环境的地貌以及地形情况；另一方面则是施工当地的水文地质情况等。但是近年来，在我国土地资源开发力度逐渐增大、岩土工程地貌地形复杂性越来越高的情况下，工程的施工环境也越来越差。因此在这一背景下，要想有效保障工程的施工质量，就必须结合工程的实际特点，进一步优化和改进传统的施工技术，从而有效提高地质勘探工作的质量以及工作效率。对于相关地质勘探工作人员来说，其应该具备足够的专业勘探地质知识以及比较高的综合素养，并充分了解岩土工程的相关施工知识，在实际施工之前可以聘请具有丰富工作经历的地质专家进行一定的地质勘探工作指导，为岩土工程施工质量提供强有力的保障。

对于岩土工程施工来说，其地质勘探工作还涉及地质的测绘以及编录，这些工作也是基础类型的工作内容，作为重要的施工方法，地质测绘以及编录工作能够进一步完善地质勘探工作的相关资料信息。

通常情况下，地质专家可以通过自身所掌握的地质学知识记录下地质的演变过程，并通过专业模型的应用实现对所获得工程地质勘探结果的准确分析，对于在地质勘探过程中存在的问题，可以通过地质测绘以及编录工作及时发现，并通过多种学科数据资料的综合应用实现对所发现地质问题的合理有效解决。

当前我国在岩土工程地质测绘以及编录工作中最常使用的技术方法包括以下三种：第一种是地质点测法；第二种是路线测绘法；第三种则是实测剖面法。在实际勘探地质过程中，如果遇到一些特定的岩土工程建设区域，那么工作人员在实际测绘与编录工作之前，应该将该地区的地壳稳定性程度以及当地地震事故的活动状态等作为重要的了解内容基础，通过相应勘探技术的应用，实现对该工程地点地质的详细且全面研究的目的。

（二）岩土工程地质勘探相关技术探究

在岩土工程地质勘探工作中，比较常用的地质勘探技术主要包括以下两种：第一种是工程物探技术；第二种是GPS影像技术的应用，具体内容如下。

首先，工程物探技术在岩土地质勘探工作中应用。通过分析可知当前我国岩土工程地质勘探工作中应用比较多的工程物探技术主要包括以下几种：一是钻孔彩色电视系统。该系统与传统的摄像管探头相比较而言，不仅具有比较稳定的性能，而且其集成度还比较高，并且电路的设计相对更合理，作为一种现代化新型的产品，其还具有下述特点：一是几何失真小；二是彩色图像重现性比较好；三是比较耐冲击；四是寿命比较长；五是重量较轻；六是体积较小；七是功耗比较低等。并且近年来，在数字技术的不断发展进步下，该系统逐渐形成了将录像机、监控器以及控制器一体化的主机控制系统。二是地球物理层析成像技术等。

其次，GPS影像技术在岩土工程地质勘探工作中的应用。对于那些没有办法进行人工测量以及环境情况过于恶劣的岩土工程施工地点来说，就需要应用GPS影像技术。该技术在地质勘探工作中的应用具有下述优点：第一，能够通过成像技术获取施工地点的实际地貌并反馈显现出来；第二，可以对不同介质在红外光谱上所存在的差异进行详细的分析；第三，能够分析勘探地点的地下水文情况等，因而其具有比较广泛的应用范围。

总的来说，为了能够更好地保障岩土工程施工的整体工作质量，就需要做好相应的地质勘探工作，通过现代化先进技术的应用不断提高地质勘探工作的质量和效率，有效保障工程施工的经济效益，更好地满足当前人们生产生活的实际需要。

第二章 地质勘探的创新研究

第一节 滑坡工程地质勘探的总结分析

我们都知道，在对工程进行地质勘探的时候，最为严重的灾害就是出现滑坡。因为一旦出现滑坡，造成的损失是不可计算的，所以，我们就有必要对各种不同的工程可能出现滑坡的原因进行详细的分析，并且找到可以解决问题的对策。这有助于施工人员对滑坡进行防治，可以通过不同的周边环境设定防治的措施，制定的措施必须要保证施工人员的人身安全。在这个前提下可以顺利实施的防治措施，可以很好地提高效率缩短耗时。

一、出现滑坡的原因分析

（一）地壳运动导致滑坡

我们都了解，地壳不仅在不断地运动，而且也在不断变化。

滑坡的主要原因就是因为自然因素中的地壳运动。因为地壳在不断地运动，所以两块地壳在运动的时候可能会出现挤压的现象，而且处在下层的那块地壳还可能会出现褶皱，出现这样的现象就会产生地质能量。地震是地质灾害中最为常见的，同样地，地震也是导致滑坡的最重要的因素。因为发生地震的时候，地面以下的位置会产生非常强大的能量，这些能量会对地面产生一个冲击力，进而表现出来的就是滑坡现象。

（二）出现地下水导致滑坡

有的地表以下是存在地下水源的，如果一个山坡长时间因为地下水源的挤压，就可能会使山体的地质框架结构发生形变，一旦发生变形，地下水就会喷涌而出而且无法阻挡，就将会导致山体滑坡现象。这个是很常见的情况。因为地下水导致滑坡现象会出现两种不同的情况，一种是比较陡的自然形成的长坡，另外一种是斜坡堆积体。

（三）人为导致的滑坡

我国的人口在不断增加，经济也在不断发展，因为这些情况的出现，人们对建筑数量和质量的追求都随之在不断增加。由此可知，每年都有大量的建筑工程在施工中，并且建筑面积和工程规模越来越大，因为这些东西的出现，土地面积的地质也随之发生越来越大的改变，地质问题和滑坡现象也越来越多。而人们都只是单单认为这些问题的出现就是因为大量的建筑工程并且没有按照自然规律野蛮施工引发的。因为大量的建筑工程的实施，植被破坏面积也越来越大。在进行工程施工的时候，由于施工人员没有规划好，对周边的土地斜坡过分开挖，这就导致对自然环境非常大的破坏，并且不可修复，这样一来，导致了频繁发生的滑坡现象。

二、地质勘探中如何判断滑坡

（一）地质的观察

山体中是存在基石的，正因为基石没有被破坏，所以不会出现山体滑坡现象。但是由于地壳运动，山体滑坡基石可能会被地壳运动带来的变化改变山体内部结构，比如最常见的就是基石的断裂。一旦基石断裂，山体的稳定性受到了很大的影响，山体结构无法承受山体带来的压力，就会导致山体滑坡现象。所以我们在地质勘探的时候，要特别注意工程不要计划在山体基石发生断裂改变的土地上。

（二）了解水文情况

实施建筑工程的时候，当地的水文地质情况也会影响建筑工程的实施。如果当地雨水太多了，并且不好流通，容易导致积水现象，也很容易导致山体滑坡现象。一般情况下，山体自身的含水量相对来说是非常少的，基本都是泥土和山石头土地承受能力较大，这样挖掘并不会出现滑坡。但是由于雨水过多，山体受到长时间的浸泡，水土的黏合力就会减弱，一旦达到极限，就会出现滑坡。

（三）对是否常有地震进行了解

我们知道，有的地方处在地震带，当发生过地震后，地壳间会出现断裂，这样就降低了山体自身的稳定性。山体大面积塌方和泥石流现象都是这样形成的。如果滑坡现象是由地震导致的，那滑坡的规模会较大，造成的损失也比较大。滑坡的规模随着地震的增强而增大，地震越大，滑坡规模越大。如果再有暴雨发生，那滑坡规模将更大。

三、如何防治滑坡

（一）疏导地表水

在对滑坡进行防治的时候，我们可以采取对地表水进行疏通的方式，这种方法可以产生比较好的预期效果。疏通地表水可以对容易滑坡的山体进行支撑。支撑可以令山体尽快再次找到平衡点，找到平衡点才能令滑坡体的稳定性增加。如果滑坡体处于地表水发达或雨水特别多的地方，用这种方法进行防治可以取到很好的效果。

（二）支撑渗沟

进行滑坡防治的时候，有一种比较常见的方法叫作支撑渗沟。这种方法是在滑坡体前面设置支撑渗沟，这样不仅可以起到渗沟的作用，还可以起到支撑作用，降低滑坡的可能性。施工设计人员根据施工地的不同地质情况设定不同的支撑渗沟，这样可以很好地防治滑坡。

（三）削方减载技术

在推动式滑坡质量地质勘探工作中，我们通常采用削方减载技术来防治山体滑坡现象。有时候在渐进后退式的滑坡防治中也会使用这种方法。这种方法可以改变山体的力学性质，结构可以更加稳定牢固还可以提高滑坡底部的抗滑能力，有了这些部分的提高，就使滑坡的稳定性得到了很大的增强。削方减载技术在投入方面也比较经济划算，它的投入量较少，操作技术简单，资金消耗少，这样不仅防治了滑坡，还提高了经济收益。所以这项技术应该大力推崇。

本节可以让我们对地质勘探中的滑坡现象有更加详细的认识，并且对如何防治滑坡现象也有了进一步的了解。这就可以让我们在实际情况中知道该运用哪些方法来防治滑坡。希望本节能够对地质勘探工作起到实际的作用，能够很好地减少工程事故的发生，提高工程质量，促进我国建筑工业的发展。

第二节　公路设计中地质勘探工作要点

本书将公路设计工作作为研究的主要对象，着重分析公路设计过程中地质勘探工作的开展现状，从地质勘探工作的每一个环节入手，根据整体的工作流程分析其中可能存在的问题，并就这些问题提出针对性的解决方案，形成一套相对完善的地质勘探工作体系，以达到保证施工效率和安全性的目标，创造最大化的社会效益。

随着我国经济改革进程的不断深入，我国经济整体呈现出飞速发展的趋势。国家逐渐将更多的精力和资金投入到了基础设施建设上来，为国民的日常生活水平提供根本保证。公路建设是我国基础设施建设体系中的重要任务，将更多的创新技术融合到公路设计工作当中，完善现有的公路网络，但并不是所有的地质环境都适合进行公路的修建，这就需要公路设计团队提前到施工现场进行实地考察，提出合理有效的施工方案，地质勘探工作作为公路设计中的重要环节，能够在很大程度上消除地质环境带来的安全问题，为公路修建的质量提供一定的保障。

一、公路设计工作的基本概念

公路设计工作的专业性较强，需要交由专业的设计团队全权负责，且公路设计工作是一项系统性的工作，由不同的环节共同组成，且每个流程之间环环相扣，一旦有某个环节出现了问题，将会直接影响接下来的设计工作，进而影响公路施工的质量。首先，公路设计团队要对公路的施工图纸进行设计，从道路的安全性入手，保证路基和路面的稳定性，在对现场情况进行细致了解之后进行有效数据的收集和统计工作，随后由专业的设计人员对模拟的施工图纸进行绘制，为日后的道路施工提供参考。与此同时，对公路施工现场以及周边的地形、土质、气象、水文等条件进行详细调查也是十分必要的，只有对现场的真实情况进行调查、分析和模拟，才能够保证公路设计工作各个环节的逐级深入，实现针对性的根本原则与公路设计工作的有机结合。

二、公路设计中地质勘探工作的作用

在公路设计前进行适当的考察工作是十分有必要的，由于我国的地理环境具有一定的特殊性，其中，地形复杂是我国地形的显著特征，平原、山地、丘陵以及高原等特殊地形在我国都有所分布，且会对正常的施工进程产生一定的影响，若不能提前对公路施工现场及周边的地形环境进行实地勘探就直接进行施工或者直接套用现有的设计模板，很容易在施工过程中出现一些突发情况，影响正常的施工进度，甚至给公路施工者的安全造成一定的威胁。因此，合理有效的地形勘探是公路设计中地质考察工作的一个重要环节，需要引起公路设计团队的充分重视。除了要对施工现场及周边的地形条件进行勘探，土质、气象、水文等条件也是公路设计团队应当提前进行勘探和分析的要素。以公路施工现场及周边的土质条件为例，土质会对土层的密度、强度以及土层的排水能力产生较大的影响，若在土质疏松的条件下进行公路施工，不仅会增加施工的难度，疏松的土层可能会在施工过程中出现倾斜、塌方等问题，造成路基倾斜、路面裂缝等安全隐患，而排水性较差的土层可能会影响公路在暴雨等恶劣气象条件下的排水能力，造成路面的积水问题，影响车辆在雨天的正常行驶，甚至发生一系列本可以避免的交通安全问题。

三、公路设计中地质勘探的主要方法

（一）对公路施工现场及周边的地质条件进行调绘

地质调绘工作的主要对象是地貌单元的边界、断层、地层的接触线以及特殊地形的边界处，首先对其进行合理的勘探工作，在精准测量之后进行模拟图纸的绘制，将现场的真实情况清晰地展现到公路设计团队的面前，作为道路设计图纸绘制的主要依据。当面对山地、丘陵以及高原等特殊、复杂地形或者施工现场的土质并不是十分适合进行路基建造时，现场勘探团队要适当拓宽勘探工作的范围，对路线周边的环境也要进行深入研究和分析，采用大面积的工程地质调绘模式，及时发现道路沿线每一处施工现场可能存在的安全隐患，将隐患扼杀在摇篮之中，当实在难以对现场存在的问题进行解决时，设计者要及时更换现场选址，这样具有针对性的勘探方式可以保证道路沿线每一处施工场地的设计工作都可以尽可能地做到细致入微。

（二）地球物理勘探技术

随着我国科技发展进程的不断加快，越来越多的新兴技术被运用到了公路设计地质勘探工作中，地球物理勘探技术就是其中十分重要的一种，当公路施工现场及周边地区的地形条件比较复杂或者无法判断施工现场的土质条件是否适合公路修建工作的开展时，地质勘探团队通常会运用这一技术，将地震纵波折射波、高密度电磁法、声波井测以及波速井测等高新技术结合到地质勘探工作当中，根据不同材料对于声波或地震波的传导速度等物理性质之间的差异对施工现场中不方便进行直接探测的地质情况进行充分了解，对地下的地质情况进行科学且高效的判断，为接下来的公路设计工作奠定坚实基础。

（三）借助原位测试对地质进行勘探

原位测试也是高新技术与公路地质勘探工作进行结合的重要表现形式之一，通过标准贯入实验、动力触探以及静力触探等方法达到对施工现场及周边地区的地质情况进行详细了解的目的，除了对未知的地下空间进行勘探，原位测试还可以将勘探结果以曲线的方式呈现，方便公路设计团队对不同区域的地质情况进行对比，根据最佳的岩土参数选择出更适合进行道路施工的场地，在公路设计工作中真正落实适应性和针对性的根本原则。

四、公路设计中地质勘探工作的注意事项

（一）认真做好地质勘探的准备工作

在勘探人员真正投入地质勘探工作之前，必须要认真做好准备工作，首先要根据公路施工团队提供的整体线路规划图对公路的走向以及可能经过的地形种类和水文条件进行大致的了解，可以将每种地形划分为一个独立的单元，并在每个单元中安排专门的勘探人员负责现场的地质勘探工作，防止地质勘探过程中有效数据和信息之间的混淆，保证地质勘探过程中获得的数据的准确性和有效性，为接下来的设计工作打好基础。

（二）提高地质勘探人员的专业能力

勘探人员的专业能力直接关系着地质勘探工作的最终质量，因此，公路设计团队要严

把人才的质量关，采用多种方式提高地质勘探团队的专业能力和素养。首先，管理人员要从招聘环节入手，将应聘者的专业能力和实践操作能力作为考查的重要依据，不能将学历作为录取的唯一依据。除此之外，管理人员还要对合格者进行专门的入职培训，并在工作过程中定期组织地质勘探团队到专门的人才培养基地进行培训，为勘探技术的更新换代提供保证。

（三）对地质勘探工作的流程进行精细化处理

工作流程以及职能划分不够明确是当前公路设计地质勘探工作过程中普遍存在的问题，为了改善这一问题，相关部门要将更多的精力投入工作流程和职能划分上来，可以通过设计表格的形式将所有的工作分成几个相互独立的部分，并在每个部分中安排数量合适的人员，尽可能地实现工作任务与勘探人员之间的一一对应，并针对每个流程选择适合的管理体制，保证地质勘探工作的高效运行。

公路设计中地质勘探工作要以针对性为根本原则，对公路施工现场及周边的地形条件和土质条件进行深入分析，运用原位测试、地球地理勘探技术对当地的地质条件进行掌握，保证施工过程中的安全性，进而保证工程的质量。

第三节　岩溶地区铁路工程地质勘探

地下水和地表水活动可造成可溶岩石发生溶蚀作用，与该作用导致的地下与地表溶蚀现象的总称就是岩溶。岩溶在钾盐、钠盐等卤素盐类岩石，硬石膏、石膏等硫酸盐类岩石以及白云岩、石灰岩等碳酸盐类岩石内均能发育。我国许多地区都分布着岩溶，当岩溶区有铁路通过时，很可能发生突然涌泥、涌水和溶洞填充物坍塌等危害，所以岩溶地区铁路工程地质勘探工作是非常重要的。

一、岩溶、地质灾害和铁路工程间的关联

（一）岩溶和地质灾害的区别及联系

作为一种常见的地质现象，岩溶的存在具有客观性，在不受人为活动干扰的情况下，基本上不会危害人类的生产与生活。而地质灾害则会破坏人类的生存环境，威胁工程的安全。前者是内因引起且客观存在的；后者则是外因（人类活动）导致的，会危害人类的正常生活与生命安全，二者之间虽然有区别，但也存在联系。岩溶不能等同于地震、泥石流、滑坡等工程上的不良地质灾害，因为当人类在岩溶区活动时，才会出现相关的地质灾害，但是地震等则是自然条件下就会造成灾害。我国虽然在几十年前就曾深入研究岩溶基础理论，但是因为经济进步较慢，所以并未广泛关注岩溶地质灾害。随着经济建设的加快，基

本建设逐渐延伸、拓展至岩溶地区，人们对地下水的过量开采造成了严重的岩溶地质灾害，成了亟待解决的热点问题之一。

（二）铁路工程和地质灾害的关系

将铁路修建于岩溶地区时，可能导致地质灾害，并不是所有岩溶在有线路通过时都会引发地质灾害或者变为不良地质，工程高程、地下水、铁路种类等都与此相关。铁路工程种类主要包括路基工程、桥梁工程、隧道工程，不同类型的工程所受控的岩溶类型也不相同，自然也会有不同的施工对策。

二、岩溶地区铁路工程地质勘探工作

（一）岩溶地貌调查

首先是研究区域地貌。岩溶地貌的差异能够将岩溶发育阶段反映出来，各个阶段有不同的管道系统发育。比如，溶槽、溶沟、石芽等一般是反映岩溶发育初期阶段的地貌形态，此时地下通道以孤立管道及溶蚀裂隙为主，地下水以孤立管状水流为主；洼地、石林、孤峰等则是反映岩溶发育后期的地形地貌。该时期地下通道呈网状系统，并存在呈网状水流的地下水，地下水面是统一的。其次，研究岩溶形态，包括岩溶的充填、涌水、延伸方向、高程、分布位置、规模与形态等情况。尤其要重视管状通道位置、现代河床与阶地、山体垭口和高程的关系，为预测突然涌水及古水文网、岩溶发育史的研究提供资料。最后是洞穴调查。若条件允许，需直接进入地下通道与大型洞穴调查，为岩溶发育和线路影响的研究提供依据。

（二）水文地质和地质构造勘探

水文地质勘探内容包括：①明确地表径流和岩溶水的排泄、补充关系，在不同季节观测其变化情况；②明确通过越岭隧道的地段地表水体是如何分布的，预测发生突然涌水与下渗的概率；③明确暗河、泉水的出露条件、水动态变化规律和铁路线路间的关系等。地质构造勘探需明确岩溶发育和裂隙、断层、褶皱的关系，尤其是当断裂的填充情况、性质、时期不同时，对岩溶是否会产生不同影响。

（三）岩性勘探与调查访问

岩性勘探应明确非可溶岩层和可溶岩层的分布以及后者的岩溶发育情况，尤其要观察有隔水作用的岩体或岩层是如何影响岩溶发育程度的。此外，还要进行调查访问。当地村民长期在此居住，通常很清楚地下水与岩溶地下通道的情况，提供的资料非常重要。

三、常用的综合勘探方法

（一）遥感技术的应用

岩溶地区航空像片、卫星像片的侧重点主要是岩溶水文地质与岩溶地貌，能够为地层岩性与地质构造的分析提供依据。遥感图像判释内容主要包括：①判释地面塌陷等岩溶引起的不良地质现象。②水文地质。明确岩溶地下、地表水点的分布，与地貌判释相结合，研究暗河分布特征与地下水的排泄、径流、补给条件，进行水文地质单元划分，找到岩溶储水层段。③地层岩性。明确各时代地层界线与其接触关系，分析非碳酸盐与碳酸盐的分布情况，确定岩溶层组。④地质构造。观察区域构造轮廓，进行构造体系与单元的划分，研究隐伏构造、断裂构造等。⑤岩溶地貌。鉴别各级岩溶剥蚀面，研究阶地、河道变迁和水系展布情况，进行岩溶地貌单元的划分。

（二）钻探技术的应用

在岩溶地区应用钻探技术需要以物探、地质调查、遥感判释为指导。对钻探成果加以分析时，切忌过于局限和片面，应注重经验积累，利用不同勘探方法得到的成果互相验证，使成果资料的精度提高。目前将钻探布置于岩溶地区时，采用的方法通常是多次实施、逐步深入。先应用物探方法、遥感判释进行初测，接着在必要的位置布置钻孔进行验证。实施定测时，结合工程需要完成勘探测试钻孔与物探剖面的布置，钻孔数量与深度要与规范及设计要求相满足，强烈岩溶化地段通常要将孔深钻至铁路工程底板下的 5 ～ 10 m。在具体施工时，大多要补充勘探建筑基底，包括隧道、桥基、路基以下的岩溶发育情况。

（三）物探技术的应用

目前有许多种物探方法，其中声波透视法、孔内无线电波、综合测井法、地震法、充电法、电阻率法、地质雷达等在勘探岩溶地区时均能取得较好的效果。在选择物探方法时，不仅要考虑其适用条件，还要根据岩溶区情况综合运用各种方法，并且与钻探技术相互配合，相辅相成。

总而言之，作为一种不良地质，岩溶处理不当很容易引起地质灾害。若铁路工程需要通过岩溶地区，必须重视地质勘探工作。根据施工现场的情况选择适合的勘探技术，全面勘探现场的岩性、地质构造、水文地质条件和岩溶地貌等，从而采取相应的处理措施，有效规避施工中可能出现的地质灾害，保证施工的安全性以及铁路交付使用后的正常运行。

第四节　地质勘探与岩土勘探工程的关系

随着我国勘探领域信息化技术水平的不断发展，地质勘探与岩土勘探之间的关系变得越来越紧密，其对人们的生活也有着越来越重要的影响。与此同时，地质勘探与岩土勘探工作在开展过程中也面临着许多问题急需解决。为此，本节通过对两者概念的阐述，以此分析二者之间的关系，明确其在开展过程中存在的具体问题，并就此提出相关解决策略，希望能为我国地质勘探与岩土勘探工程的顺利进行起到一定的参考作用。

近年来，我国勘探领域的高速发展，使地质勘探与岩土勘探活动越来越频繁，其在土木工程中的作用也变得越来越重要。地质勘探与岩土勘探的项目内容较为复杂，其涉及多个专业的理论知识，如地质学知识、岩土力学知识等，这也使地质勘探与岩土勘探的相关勘探手段与勘探流程变得越来越系统化、科学化，从而为项目工程建设提供了可靠的数据支持，进一步促进了工程领域的发展。不过，在地质勘探与岩土勘探的工程活动中，仍旧存在一些问题有待解决，这也是实现勘探工程规范化发展的重要举措。

一、地质勘探和岩土勘探工程之间的关系分析

（一）地质勘探概念分析

所谓地质勘探是通过相应的技术手段或勘探方法来对某一区域的地质情况进行探测的勘探活动。地质勘探的理论基础是以自然科学为主的，它主要是对某一区域中的地质构造、矿产资源及工程中存在的问题进行勘探，以便于通过相应的勘探技术，如计算机技术、物理化学技术、遥感技术等来帮助勘探人员及时掌握该区域的相关地质信息，并对工程中存在的相应问题进行及时解决。

（二）岩土勘探概念分析

岩土工程是土木工程中的重要内容，其作为一种先进的技术体制，主要是对岩土体工程问题进行及时的解决，如地基问题、地下工程施工问题等。岩土工程项目共分为勘探、设计、施工与监测四个环节，以此达到岩土利用与改造的目的。岩土勘探工程中的具体内容有对工程所处区域的地质情况进行调查与勘探，并做土试样检测、地质评价及成果报告编制等。地质勘探和岩土勘探工程一样，两者都是通过相关技术手段与措施的利用来对某一区域中的地质情况进行勘探的。因此，岩土勘探工程又可以被比喻为地质技术工程，地质勘探的范围要大于岩土勘探，这也使岩土工程勘探的应用范围十分广泛。比如，水文地质勘探便是岩土工程勘探中的一项重要内容，影响水文地质的重要条件便是土的孔隙与岩石裂缝，并且地下水是在岩土当中流动的，再加上孔穴与裂缝之间的差异，使岩土工程的

勘探影响也呈现出不同程度，所以，在岩土勘探工程中，应将岩土孔隙及岩石裂缝作为重点分析内容。

二、两者在实际工程项目开展过程中存在的问题

（一）勘探活动缺乏依据

在地质勘探与岩土勘探活动中，不仅要对地形坐标与工程平面图进行搜集，还要掌握工程的地面标高、工程施工性质、施工规模、受力特点、埋置深度等内容，因此在进行勘探活动之前，必须要做好准备工作。不过在实际勘探活动当中，由于勘探人员没有对准备工作予以足够的重视，致使岩土勘探活动缺乏相应的依据，这也使岩土勘探报告往往不够准确，进而给工程质量及进度带来影响。

（二）勘探活动的质量难有保证

在勘探活动中，勘探资料的重要性是不言而喻的，它能为设计人员在对工程进行设计及施工图纸绘制时起到重要的指导作用，如果勘探资料的准确性不能有所保障，必然会使勘探活动的质量难有保证，进而设计人员在相关工作中的开展难度大幅增加，使工程建设的施工进度发生延误。

（三）室内试验结果受诸多因素影响

在地质勘探与岩土勘探工程中，由于勘探资料的准确性不足、勘探活动的准备工作不够充分等原因，致使工程人员在对岩土试样进行测试时，常常出现试验数据与记载数据不相符的情况；再加上室内岩土试验的结果受到诸多因素的影响，在试验过程中对操作流程与试验方法有着严格的规定，如果不能严格按照相关流程与技术规范来进行试验，必然会给试验结果的准确性带来很大影响。例如，在粉土试验检测中，必须要确保粉土的塑性指数与粒径标准满足试验要求，以便于准确地对粉土的承载能力及其粘粒含量进行辨别，如这些试验要求不能得到有效满足，就势必会影响试验结果的准确性。

三、提高地质勘探和岩土勘探工程水平的相关解决策略

（一）完善岩土勘探评价体系

在进行地质勘探和岩土勘探活动时，只有对勘探目标及勘探内容进行相应的明确，才能保障勘探活动顺利进行。因此，为了使地质勘探与岩土勘探活动变得更加高效，需要建立完善的岩土勘探评价体系。应从以下几个方面来进行：一是在勘探活动中，应对建筑要求中的不符因素予以必要的排除，这样有助于建筑地基评价的正确性；二是应对工程施工现场的周边环境予以必要的勘探，明确施工现场附近的水文特点、地层中的含

水量等内容，并对这些地质环境给工程带来的影响程度进行准确的评估；三是评价工程施工现场的稳定性，分析施工现场中存在或可能存在的地质灾害，并根据分析结果制定相应的防范措施。

（二）注重理实一体化结合

要想提高地质勘探与岩土勘探工程的勘探质量，就必须要注重理实一体化结合目标的实现，通过对工程地质理论、工程力学理论及土木学理论进行系统的整理，并结合工程现场情况，以此确保勘探活动的科学性与合理性。比如，在对乡镇建筑的地基进行勘探时，通常只需将勘探孔的深度控制在 15 m 左右即可；而在对大型商场进行勘探时，则需要明确商场地基中的持力层所在位置，然后在勘探过程中要确保勘探孔的深度应比持力层更深。由此可见，地质勘探与岩土勘探工程中的相关理论都是经过大量的实践得出的，因此在进行勘探活动时，必须要通过理论与实践相结合来制定相应的勘探措施，以此确保勘探活动的高效性与科学性。

（三）明确具体的勘探手段

在地质勘探与岩土勘探工程中，应根据施工现场中的地质条件因地制宜地选取相应的勘探方式。通过多种勘探方法的综合运用来达到更高的勘探质量。目前，在勘探活动中最主要的勘探手段为探槽法与探井法。当工程项目地基中的地下水位较深，而勘探孔的深度又不大时可以选择探井法；而当项目工程需要对岩土分界线进行明确划分时，则可选择探槽法。除了上述两种方法，其他勘探方法还包括静探法与掘深法，静探法能够对工程地基的强度性质进行准确反映，这也使其在淤泥质软土、地下水位较浅等工程中应用广泛。而对于易发生地质灾害的地区，则往往采用贯入试验的方式进行勘探活动。

总而言之，地质勘探与岩土勘探工程的迅猛发展，使勘探活动在实际工程施工中占据着越来越重要的地位，勘探人员必须要对两者之间的关系进行充分的了解，明确两者之间的概念区别，同时针对两者在开展过程中存在的主要问题，以此制定出相应的解决策略。这需要工程勘探人员建立完善的岩土勘探评价体系、注重理实一体化结合，并因地制宜地选择勘探手段，同时不断提高自身的专业水平与综合素质，以此从根本上保证地质勘探与岩土勘探活动的科学性与高效性。

第五节　堤防工程地质勘探要点探析

堤防工程地质勘探工作主要涉及堤防工程区域内的工程堤基以及水文地质条件等，以便为堤防工程规划设计与施工提供科学的参考资料。本节以安徽省岳西县冶溪镇防洪工程为例，从勘探布置环节、勘探深度分析环节和取样及其实验环节三个环节对堤防工程地质勘探要点展开分析，并在此基础上提出了堤防工程地质勘探的优化措施，以供参考。

一、工程概况

冶溪河属皖河流域一级支流长河的二级支流，是东方红水库的下泄河道。其发源于岳西县西坪乡胜岭，经岳西县东方红水库、冶溪镇、太湖县百里乡，在百里乡义河村的大河东汇入长河。本次堤防工程地质勘探项目主要是针对安徽省岳西县冶溪镇防洪工程开展，其初步设计阶段地质勘探工作目的包括：调查堤身填土类型、物质成分、颗粒级配、均匀性等；查明堤基地质结构，各类土体的分布、厚度及其性状；对堤身和堤基的渗漏、渗透稳定、抗冲稳定等问题进行评价，并提出处理措施的建议；查明闸站及桥梁地质结构，各类土体的分布、厚度及其性状，提供地基承载力；提出工程区的地震动参数；进行天然建筑材料详查。

本次勘探工作在工程区布置了 53 个钻孔，总进尺 495 m，取扰动样 32 个，野外注水试验 47 次，进行了 163 段次野外重型动力触探试验，测量稳定地下水位 53 次，所有钻孔均采用干黏土球进行回填，并夯实。此外，此次共完成钻孔 34 个，完成工作量为 2 494.4 m，5 个钻孔进行了钻孔电视测试工作。另外配合完成了样品的采集等工作。

二、堤防工程地质勘探的主要流程

堤防工程地质勘探作为一项基础性工作，其贯穿堤防工程设计以及施工的整个过程。为了保证地质勘探结果的准确性，堤防工程地质勘探需要严格按照既定的工艺流程开展。结合《堤防工程地质勘察规程》的有关要求，堤防工程地质勘探的主要流程如下：堤防工程地质勘探的前期准备工作—工程地质测绘—勘探布置—勘探取样—原位测试—实验室岩土水砂试验—报告编制—成果加工—资料整理与归档。

三、堤防工程地质勘探的要点

堤防工程地质勘探工作在整个水利工程项目中起到非常重要的作用，其地质勘探要点主要涉及以下几个方面：

（一）勘探布置环节

勘探布置是开展堤防工程地质勘探工作的基础，在具体的勘探布置工程中要求尽可能用少的工作量来获得更多的地质材料。因此，在进行勘探布置设计之前，需要充分掌握堤防工程区域内的地质条件，在此基础上合理布置勘探坑孔，并将每一个勘探工程都布置在关键地点。在勘探布置的实施环节中，应该严格按照工艺流程开展，更好地从全局的角度把握新建堤防工程区域内地质条件的实际情况。

（二）勘探深度分析环节

在堤防工程地质勘探的勘探深度分析过程中，钻孔的数量为堤外 1 ~ 2 个孔，堤内孔数 2 ~ 3 个，孔距为 20 ~ 100 m，结合堤防工程的具体标准做适当的调整。对于堤防工程区域内地质条件相对简单的施工地，可以综合考虑适当减少勘探孔数量，以此提高勘探效率；对于地质条件较为复杂的施工地，应将勘探孔深度深入到强风化岩石顶部位置。

（三）取样及其实验环节

取样及其实验是堤防工程地质勘探工作中至关重要的一个环节，包括岩土样和水样的取样和实验。一般情况下，在勘探孔达到规定深度后，可以从钻孔内实施取样，对岩土体物理力学性质进行科学分析。土样采集方式主要有两种：采用双管钻进时，需要将回次进尺控制在 2 m 内；如果采用螺纹钻进，则应该将回次进尺控制在 0.5 ~ 0.6 m，并对钻进过程中的速度、涌砂、缩径、水量变化、含水层顶板位置、塌孔现象以及稳定水位等信息进行详细记录。

四、堤防工程地质勘探的优化措施

（一）充分掌握堤防工程区域内的地质条件

为了有效提升堤防工程地质勘探布置的准确性，合理布置勘探坑孔，应在实际的勘探工程中严格依照《堤防工程地质勘察规程》中的相关规定开展。本次工程项目主要是针对安徽省岳西县冶溪镇防洪工程初步设计阶段地质勘探工作，工程区处于大别山腹地，山顶高程 1 000 m 左右。勘探范围上起冶溪中学桥（桩号 0+000），终至联庆堰下游 1 060 m（桩号 6+970），左堤堤防长度约 7.55 km，右侧堤防长度约 7.14 km，桩号左 0+000 ~ 左 2+418 段河道约呈 NW74° 展布。对于堤防工程区域内的地质勘探工作，应该建立在工程地质测绘的基础上，在开展地质勘探布置工作之前，需要对地质情况进行分析和明确，然后实施相应的地质勘探工作。如在布设勘探网以及勘探线时，应根据堤防工程的设计要求，结合施工区域内的地形条件，对桩基、拱坝以及箱基等勘探点进行科学的布设。

（二）做好取样以及实验工作

堤防工程地质勘探工作中容易受到诸多外界因素的影响而降低数据分析的准确性以及实验结果的稳定性，如地质勘探过程中的实际钻孔数量以及孔距设置等。为了有效避免上述因素对地质勘探结果造成影响，需要切实做好取样以及实验工作。在具体的堤防工程地质勘探工作中，取样操作应该严格控制勘探孔的数量，一般情况下每个勘探区域设置 5 ~ 6 个勘探孔为佳。在土样采集时采集方法很关键，要求采样人员选择连续压入、重锤少击的方法实施采样。为了保证数据分析结果的准确性，还需要对取样残留的土壤进行及时处理，在取样结束后将土样密封送往实验室。相关的实验工作需要严格按照堤防工程地质勘探实验规定与标准进行。

（三）科学分析实验数据

在堤防工程地质勘探的实验数据整理与分析中，勘探报告一般需要包括地质调查、工程区域内的地形地貌、水利堤防的状况和地基结构等。为了保证堤防地质勘探结果的质量，勘探人员需要对地质勘探的相关资料进行详细记录，关注堤防施工过程中是否存在渗漏等现象和堤坝基础与岸坡的稳定程度，并结合实际情况采取相应的解决措施。

综上所述，堤防工程地质勘探工作是开展堤防工程设计施工的基础，在提升堤防工程设计规划的科学性方面发挥着重要作用。为了确保堤防地质勘探工作质量，可以从充分掌握堤防工程区域内的地质条件、做好取样以及实验工作和科学分析实验数据三个方面着手，为设计工作提供准确可靠的资料。如果出现问题，则要及时进行分析，并制定对应的解决措施。

第六节　路堑边坡地质勘探和稳定性

路堑边坡地质勘探是个重要的过程。在整个过程中需要明确注意事项，按照要求实施。但是在后续实施过程中影响因素多，整体难度比较大。不良地质对工程地质勘探有明确的影响力，如果不能提前进行等级评估，容易造成异常。在本书中结合治理设计形式以及地质资料等，提前对地质类型分析，结合稳定性和控制要求等实施，能提升稳定性，促进进步。在本节中以路堑边坡地质勘探重点作为基础，对如何提升稳定性进行分析。

在山区高速公路建设过程中，对边坡稳定性有严格的要求，针对变量因素和实际情况等，必须了解勘探管理的注意事项，在现有基础上实施。如果存在不稳定或者异常等现象，势必造成不良影响。因此在整个管理过程中必须提前进行勘探和分析，了解工程管理的注意事项，保证质量。

一、工程介绍

结合实际工作类型以及模式等，如何进行分析和应用是关键，在过程掌握的阶段，明确实际指标和要求。厦门至成都高速公路是国家重点公路建设规划中的横向线路之一，也是规划中的国家高速公路网的组成部分，根据实际类型和要求等，在现有基础上，如何进行分析和指导成为重点。在通道管理的过程中，了解边坡的类型，在实施过程中明确地质资料的类型，相邻区域地质工程勘探以及稳定性掌握符合要求，如果存在设计不稳定或者异常等，会直接产生不良影响。

二、工程地质勘探

为了对重点问题进行勘探，需要了解注意事项，按照流程实施。为了了解注意事项，提前进行性能分析，需要结合规模和实际类型等，提前进行勘探和设计。钻探管理是个重要的过程，在整个过程中，需要提前进行勘探指导和评估，然后结合实验类型以及相关指标等，进行分析，以满足实际要求。

（一）地质分析

在工程地质勘探中进行地理位置分析，根据实际位置进行检查。根据相关影响因素，区域在丘陵区域，地形相对比较复杂，由于高差大，如果不提前进行处理，势必存在相对高差加大的现象。兼顾到地层的特征以及调查结果等，后续处理中要提前进行勘探分析。第四系更新系统符合要求，现由新至老分述如下：

1. 粉质土

粉质土的面积比较大，层厚在 0.6 ~ 5.9 m，处理后，提前进行夯实处理，能保证稳定性。

2. 泥岩处理

泥岩处理比较重要，在整个过程中要进行强风化管理，如果存在碎石或者异常等情况，掌握最大厚度，根据处理要求和注意事项等，如果不能进行稳定性分析，势必造成不良影响。

3. 炭质页岩夹劣质煤层

炭质页岩夹劣质煤层的处理难度比较大，在整个过程中针对变量因素和实际情况等，需了解实际类型。根据报道可知，厚度大约为 15.5 m，根据实际报道和注意事项等，在后续处理阶段明确实际影响因素，提前处理。

4. 砂质泥岩

强风化管理是个重要的过程，中风化处理比较重要，根据岩层以及种类等，按照实际流程类型进行。在风化岩层管理的过程中，确定实际类型。根据报道和要求等，明确注意事项，在厚度掌握的阶段，进行滑坡分析，如果存在管控不合理或者异常等情况，会增加管理难度，根据滑坡产生的类型笔记岩石区域的概况等，确定原始成因。

（二）区域改造分析

区域地质改造比较重要，在整个过程中明确地质构造的实际类型。现场实际测量管理很重要，从构造情况而言，如何进行平整度管理是重点，在比较长的一个区域内，提前进行处理。结合相对性以及实际类型等，在边坡处理的过程中确定外围类型，在一定范围内处理后，能符合指标要求。区域沉降管理很重要，沉积建造管理比较重要，海水不断退出，在内陆管理中形成一套有效的体系，结合角度类型以及勘探类型以及注意事项等，可以了解勘探形式和实际指标。

受到区域应力作用的影响，在区域管理中明确构造类型，此外维护形式比较重要，根据裂隙形式和注意事项等，必须进行稳定性评估和管理等。区域应力作用的影响大，在整个过程中了解裂隙形式，根据走向和延伸情况等，在平面管理基础上进行处理，垂直沿走向的延展性比较明显，根据长度和深度等指标可知，进行特征分析后，能符合实际要求。

（三）水文地质

水文地质的影响因素比较大，在整个过程中，需要进行孔隙分析和调查，为了避免不良因素产生制约，应提前分析。水量的大小主要与大气降水补给有关，并受地形地貌及地质条件的制约，在地形条件相对平缓、覆盖层较厚的地段，含水量相对较丰富，反之则差。

三、路堑边坡地质勘探稳定性分析

结合路堑边坡地质勘探的实际注意事项，在整个过程中需要明确注意事项，如果存在不稳定或者异常等情况，提前进行参数分析，根据参数指标和实际要求等，如何进行稳定性分析和指导成为重点，在后续实施过程中了解实际要求，进行应力评价，符合要求，促进进步。

（一）独立性

在整个过程中，提前进行处理和分析，结合独立性以及稳定评估注意事项等，在现有基础上实施。根据独立性管理和实际要求等，只有做好整体评价，才能符合要求，在后续实施中，提前进行简化分析。抗剪强度的管理比较重要，在数值分析的阶段，进行间接性控制、滑坡模型管控很重要，经过修正和调整后，能符合参数要求。系数空间实施影响大，工作人员提前进行调整，结合规范系数空间和稳定性管理等，提前进行设置，提升适应性。

（二）强度测试

结合计算参数以及主滑断面报道等，在当前管理中满足勘探设计的注意事项，结合临界情况和注意因素等，计算的过程中采用稍微增加第一条块抗剪强度指标的方法。

滑坡推算以及计算管理等比较重要，根据结构形式和指标等，在性能分析的阶段，提前确定结构类型。断面位置调整符合要求，滑坡控制形式符合要求，安全系数掌握是关键，支护管理的阶段，提前确定参数类型。支护形式计算符合要求，在计算和管理中，进行强度测试和演练，如何进行分析成为重点。在整个基础上按照流程实施。

结合当前路堑边坡地质勘探的实际要求，在整个过程中提前进行处理。稳定性评估比较重要，在现有基础上实施，能提升适应性。此外要考虑边坡形式和注意事项等，掌握内容和形式，突出稳定性。

第七节　犁头山隧道工程地质勘探与评价

本节结合中国中材国际工程股份有限公司总承包（EPC）的年产 500 万 t 机制骨料生产线（包含输送骨料隧道及骨料生产厂区），主要介绍了犁头山隧道工程地质勘探的工作重点，提出了设计施工中需要注意的问题和处理措施。

一、工程概况

拟建犁头山隧道位于安徽省巢湖市散兵镇，为中材安徽水泥有限公司犁头山石灰石矿山—骨料厂区隧道（用胶带输送机输送石灰石），为单线隧道。线路位于测设里程 603.3 ～ 1158.5 m 处，隧道净高 4.3 m、净宽 7.5 m，隧道总长 555.2 m，属中长隧道。隧道地质勘探工作由苏州开普岩土工程有限公司负责实施。

二、骨料线隧道工程地质勘探的要求

隧道工程地质勘探是指为隧道工程设计、施工进行的专门工程地质调查工作，查明隧址区的工程地质条件，为骨料线隧道的设计、施工提供依据。中国中材国际工程股份有限公司（以下称"南京院"）对骨料线隧道工程及骨料厂区提出具体勘探要求如下：

（1）查明厂区场地范围内的地层结构、成因、类型、分布范围及各地层的物理力学性质；查明基岩岩性结构、埋藏深度、岩面变化规律（趋势和坡度）、基岩风化程度及风化层厚度，并提供岩面等高线图；对场地地基的稳定性和各地层承载能力做出评价。

（2）查明场地内有无不良工程地质构造。如有，则查明其具体位置、深度、范围及对建筑物的危害程度，提供防治措施及必要的资料。提供天然地基的各项设计参数（各土层物理力学指标、压缩模量、稳定坡角、地基承载力特征值、与混凝土基础底的摩擦系数、基岩风化程度划分、沉降计算必要的资料），当天然地基不能满足承载力要求时，提供地基处理方法和适宜的桩基类型。

（3）查明隧址区的不良工程地质现象分布、类型性质、发生和诱发因素、发展趋势及危害程度，评价断层、裂隙、软弱结构面等不良地质作用对隧道的影响程度，预测隧道开挖后可能出现的塌方、滑动、挤压、岩爆、涌水及瓦斯冒出的地段，并提出相应的工程处理措施；划分隧道范围内岩体质量等级（围岩级别），对隧道进、出口的稳定性及洞体和围岩的稳定性做出评价；为设计支护结构和确定施工方案提供建议。

（4）查明地下水的埋藏条件、地下水类型、水位深度及变化幅度，水对混凝土的侵蚀性及含水层的渗透性；并预测隧道开挖后的涌水量。

（5）提供2～3种桩型（钻孔、挖孔、沉管灌注桩及预制桩）的桩基设计参数。

（6）架空段要求钻孔深度进入中等风化基岩6～10 m；隧道段钻孔深度要求为洞底（设计标高）以下6～8 m。

三、骨料线隧道工程地质勘探

（一）隧址区沿线的工程地质调绘

本工程按南京院设计要求提供的《中材安徽水泥有限公司生产500万t机制骨料生产线犁头山石灰石矿山—厂区胶带输送纵断面图》及《中材安徽水泥有限公司生产500万t机制骨料生产线犁头山石灰石矿山—厂区胶带输送详勘布孔图》为中心展开工作，骨料线隧道地质勘探按公路隧道的要求进行地质勘探。

隧址区处于犁头山，属低山地貌区。隧道段高程一般为136.65～311 m，最大高程311 m，相对高差174.35 m。最高处为分水岭，南侧坡度约22°，北侧坡度较陡，30°～40°，沿线地形地势呈"∧"形；巢湖属亚热带湿润季风气候，四季分明，气候温和，雨量充沛，光照充足。隧址区地表水系不发育，主要为季节性山间冲沟，其方向基本与山脉走向垂直，雨季形成小溪流汇入山沟（谷）、水库，并经地表径流、地下径流汇入巢湖；隧址区区域上位于郯（城）—庐（江）断裂系的东缘，扬子准地台下扬子台坳的北部，属巢湖断褶束的南部。区内构造活动具有多旋回发展的特点，可分为地台阶段和大陆边缘活动带阶段。褶皱构造主要由印支旋回形成，燕山旋回虽也造成舒缓褶皱和坳陷，但以断裂活动为主，晚燕山旋回有微弱岩浆活动；喜马拉雅旋回继承燕山旋回特点，形成新的坳陷或山间盆地。根据本次地质调绘结果，（桥头村断层F21）断层位于隧道进口东部约100 m，总体呈北东向展布，长约1.4 km、宽约2 m。其走向为60°，倾向北西，倾角40°。断层两盘南陵湖组中段与东马鞍山组直接接触，间有宽窄不等的挤压破碎带，断层附近小揉皱发育，属压扭性逆断层。由于其影响，本隧道进口段岩层倾角较陡（70°），往洞身方向倾角慢慢变缓至20°。根据现场调绘及区域地质资料，在隧址区无区域性的大断层、滑坡、泥石流等不良地质现象，隧址区区域地质整体稳定。

（二）隧址区沿线的工程地质钻探

在上述地质调查的基础上，根据南京院布孔图，进行详细钻孔取样及土工试验分析。从现场钻探情况来看，本次隧道钻孔内未见地下水，隧道进洞口为灰岩，基岩裸露，裂隙稍发育；隧道出口段上覆第四系坡积黏土；拟开挖隧道位于侵蚀基准面以上，且地形切割较深，排泄条件好，水文地质条件较简单。地下水总体为三类，赋存在第四系中的松散岩类孔隙水，基岩裂隙中的基岩裂隙水及碳酸岩类的岩溶水。从钻孔岩芯揭示岩体较完整，钻探过程中全部返水，无明显的破碎带。抗震设计按中国地震烈度分区表及安徽地震动反应谱特征周期区划图，本区地震动峰值加速度为0.05 g（相当于基本烈度Ⅵ度区），特征周期采用 0.40 s，其抗震设计按《公路工程抗震设计规范》（JTJ 004—89）的有关规定执行。在现条件下，本区地质环境相对稳定，滑坡、泥石流等地质灾害不发育。

四、骨料线隧道工程地质评价

（一）骨料线隧道围岩级别划分

本隧道为岩质隧道，隧道围岩体涉及地层为灰岩、泥灰岩。灰岩：灰色，隐晶结构，中 – 厚层状构造，节理裂隙稍发育，厚度大，岩体较完整。强风化泥灰岩：灰 – 灰黄色，风化裂隙发育，岩石破碎，局部呈土状。中风化泥灰岩，薄 – 中厚层状构造，节理裂隙稍发育，岩体较完整。

隧道围岩分级标准按照《公路隧道设计规范》（JTG D 70 —2004）中隧道围岩分级执行。由于本次勘探为一次性勘探，围岩分级根据岩体完整的基本质量指标 BQ 进行，并根据《公路隧道设计规范》（JTG D 70 —2004）对基本质量指标进行修正。

依据隧道区不同岩石的力学性质，首先进行岩石等级划分，而后根据岩石的坚硬程度和岩体的完整程度两个基本因素的定性特征和计算岩体基本质量指标 BQ，综合进行初步分级，并考虑围岩受地下水、软弱结构面控制及是否存在高初始应力三方面因素影响，计算修正后的岩体基本质量指标 BQ，结合岩体的定性特征做出围岩详细定级。

（二）骨料线隧道稳定评价

（1）隧道进洞口工程地质评价：进洞口地处斜坡处，地形较陡，坡角约 22°，隧道洞口轴线与地形线呈大角度相交，角度约 65°。进洞口段基岩裸露，岩性为三叠系下统南陵湖组灰岩，属中风化，岩体较完整，由于受 F21 压扭性断层的影响，进洞口产状：倾角较陡。隧道洞口按建议的洞口位置开挖后，洞口均将形成仰坡，边坡体主要由基岩组成，属人工岩质边坡。但由于本隧址区所属岩性均为灰岩，薄 – 中厚层状构造，层间结合一般，稳定性较好。

（2）隧道出洞口工程地质评价：隧道出洞口地处斜坡，地形较陡峻，坡角约 32°，隧道洞口轴线与地形线近乎正交。地质调查及钻探结果，出洞口段上部表部薄层为黏土层，下伏基岩，岩性为三叠系下统和龙山组泥灰岩，属强 – 中风化，岩性较破碎。根据地调及钻孔揭示，出洞口段无断层通过，风化裂隙发育，构造简单，无不良地质作用。

（3）隧道洞身稳定性评价：隧道洞身穿越三叠系下统南陵湖组灰岩岩层及三叠系下统和龙山组泥灰岩，无区域性断层，未见不良地质作用，场地整体稳定，适宜修建隧道。但隧道施工应注意隧道进口处 F21 压扭性逆断层对隧道围岩的影响。隧道洞身岩性主要是灰岩和泥灰岩，其中灰岩为隐晶结构，中厚层状构造，岩体较完整，泥灰岩为中厚层状构造，岩体较破碎，不及时支护，易发生小规模坍塌。

（4）隧道的施工对环境的影响评价：拟建隧道隧址区为低山区，居民较少，隧道开挖对地表形态无明显改变，对生态环境无明显影响。本隧道开挖的弃碴灰岩可作为水泥原料，其余泥灰岩视其具体情况加以利用。若无法利用，其余弃碴不能在隧道进、出洞口及冲沟处堆放，应专门选择弃碴场地。隧道施工对当地生态环境无明显影响。

五、骨料线隧道工程设计施工注意事项及处理措施

（1）隧道进洞口位置开挖后，隧道进口处存在 F21 压扭性逆断层，岩体产状变化较大，岩层倾角近垂直，与节理组合切割后易形成契形体，从而产生小规模崩塌掉块，应采取及时支护措施（喷锚、注浆），建议仰坡放坡坡率 1 ∶ 0.5（边坡高度 8 m 内）。

（2）隧道出洞口位置开挖后，建议仰坡放坡坡率 1 ∶ 1（边坡高度 8 m 内），并对切坡后的坡面进行防水防风化处理。隧道出口段岩质较差，易发生小规模崩塌掉块，应及时采取有效支护措施。

（3）隧道在施工的掘进中，在 700 ~ 1158.5 m 段岩层倾角较缓，开挖时可能产生掉块及小规模的坍塌，建议应及时采取有效支护措施，确保施工作业人员的人身安全。

（4）其他具体详细地质情况及土工试验数据详见苏州开普岩土工程有限公司提供的《犁头山隧道工程地质勘探报告》，本节不再赘述。

骨料线隧道工程地质勘探的目的就是为施工工艺、各段洞身掘进方法及程序、支护和衬砌类型或整治工程设计提供翔实可靠的工程地质依据。该骨料线隧道工程已施工完成并投入运营多年，实践证明，本次隧道工程地质勘探为设计、施工提供的地质资料是完全符合现场实际的，为骨料线隧道设计施工提供了完整、准确的地质资料。

第三章　地质勘探新技术研究

第一节　地质勘探测绘中的 RTK 技术

本节主要分析了 RTK 技术，对其工作流程进行了简要介绍，阐明其技术特点。结合某测量工程实例详细描述了 RTK 技术在地质勘探中的具体应用，总结了地质勘探中 RTK 技术的优势，以期能够起到推广 RTK 技术的作用。

传统的地质勘探测量通常是在控制点的基础上，通过测边网、测角网、导线网、边角网、线型锁及测角（测边）交会等方法来进行测量。这些方式通常存在很多的限制，如点的位置必须符合通视条件，同时还受时间以及气象的影响。为达到这些条件不得不建设觇标或者将树木砍掉，导致传统地质勘探耗费的时间比较长、精度低、费用高。RTK 技术通过其动态测量技术，再加上 GPS 数据传输技术，具备高效、实时、不受通视条件制约等诸多优势，已经在勘探点测量、地形测量及勘探线布置等领域得到了广泛应用。

一、RTK 测量技术的工作流程

（1）内业准备。在实施 RTK 外业测量之前必须对工作区实施踏勘，结合测量特征实施内业准备。首先确定工程名称，再对控制点资料进行收集，最后进行外业踏勘，判断基准点合适与否。基准站以及流动站的数据采样率通常是 1~2s 及 4~5s，通常将高度截止角设置为 10°。如果已知坐标转换参数，那么直接写入手簿。在进行工程放样之前，要求内业输入放样点设计坐标以及线路方位角，以此确保野外作业过程中实时放样的准确性。

（2）求解工作区转换参数。RTK 测量需要在 WGS-84 坐标系中实施，但是地质勘探测量必须要在北京坐标系或者独立坐标系中实施，所以需要在二者之间进行坐标转换。对于较大工作区，提前测好转换参数，那么在作业时就能够直接使用。必须将基准站设置在通视环境良好的位置，同时获得单点定位坐标，然后，流动站利用联测高等级控制点获得转换参数，至少需要 3 个已知点。

（3）基准站的设置以及测定。为确保观测精度并提升工作效率，设置基准站时需要满足下面的条件：坐标点位置精确且已知；交通便利且地势较高，通视条件好，基本没有电磁波干扰的地方，以确保数据传输安全性和可靠性；为避免多路径效应的影响或者防止出现数据链丢失问题，基准站200 m范围内不得出现干扰源，同时附近没有GPS信号反射源。

二、在地质勘探中RTK测量技术优势

RTK技术概括来说具有易携带操作、速度快、精度高、功能多等优点，因此其在地质勘探中获得了较好的应用，具体而言其优点主要体现在下面几点：

（1）传统外业测量容易遭受森林覆盖、地形以及气候等多方面因素影响，而RTK技术却基本不受能见度及通视等因素的影响。RTK技术的要求较低，只要能够达到条件便可以快速测量和放样。

（2）RTK技术具有较高的定位精度，测站之间不需要通视，获得的数据可靠安全。只要满足RTK技术基本要求，在一定的作业范围内其精度可以达到厘米级，且误差是相对独立的，不会相互影响并积累。

（3）RTK技术具备强大的综合测绘能力，容易实现自动化，能够达到各种内、外业相关要求。基准站能够提供多种信息输出，同时实现作业精度的自动控制及记录。

（4）设备方便携带，操作简单，对作业条件要求很低，数据储存、处理及传输能力较强，能够很容易地与全站仪等测量仪器实现通信。整套Trimble 5800 RTK流动站的总质量不超过5 kg，同时还能够拆装，这对于施测较为困难的地区帮助很大。

（5）可以在现场实现流动站三维坐标的实时求解，并且可以实现定位精度的实时掌握。所需作业人员少、综合效率高、效益好。只需要一个人便能够完成RTK技术流动站的操作，而且测量一个点需要的工作时间只有几秒，作业速度比较快、效率高，大量节省工作时间。

三、RTK测量质量控制措施

虽然RTK测量技术具备大量的优势，但是其在地质勘探应用时还是有一定的问题，下面针对这些问题进行具体分析同时提出处理措施。

（1）多路径效应。接收机在接收卫星发射信号的同时还会接收其他干扰信号，这会对测量效率造成明显影响。在RTK测量时，测量点通常不能变动，为尽可能降低多路径效应，采取的措施通常就是增加卫星截止高度角，以此来实现低高度角处卫星信号的屏蔽，但是不管怎样都不可能彻底消除多路径效应。

（2）初始化问题。对于单一卫星定位系统接收机而言，如果可以锁定6颗卫星，其可靠性才有可能较好。在一些复杂的地区，在某一观测时间范围内无法同时接收更多卫星信号，就会出现间隙，这时候非常容易出现假值。此种情况下采取RTK技术实施地质勘探时就必须实施重新初始化，所以采取RTK技术的时候最重要的问题就是怎样获得充足的卫星数及缩短初始化时间。

（3）天线相位中心误差。通常情况下天线电子相位中心时刻处于变化之中，所以很难与其机械中心完全重合，主要受到接收信号的方位角度及频率的影响。相位中心的变化对于点位坐标的误差影响可以达到 3 ~ 5 cm，如果地质勘探工程的测量精度要求不得超过 3 cm 时，就必须掌握精确的相位图形，同时对其实施改正处理。

（4）数据链传输问题。流动站信号失锁，或者测量结果出现误差的原因是多方面的，比如信号传输过程中出现误码、传输断断续续或者数据链信号衰减等。为保证 RTK 连续且快速地得到固定解，就必须确保 RTK 移动站能够可靠、连续且快速地接收基准站的数据链信号。

（5）坐标系统转换引起的误差。在进行地质勘探时，利用 RTK 技术获得的测量结果一般是基于 WGS-84 坐标系的。然而流动站位置却一般不采取 WGS-84 坐标系统，所以必须进行坐标转换来获得用户所需的坐标系坐标。在进行转换的时候虽然可能引起误差，但这些误差都是厘米级的，不会在很大程度上影响测量结果。

四、地质勘探中 RTK 技术的应用

进行地质勘探的主要工作就是地形测量、勘探线剖面测量、钻孔点测量、地质点测量、坑道测量以及探槽点测量等，要求对地形图不停地修测和补测，但是 RTK 技术为地质勘探带来了极大的方便，和传统测量方法相比工作效率得到了大幅度提升。主要工作步骤如下：

（1）RTK 施测以及放样。先在工作区进行首级控制测量，在此基础上，通过点校正获取坐标转换参数；设置基准站在通视条件较好的位置，确保附近不存在强电磁干扰。如果工作区存在 5 颗以上可见 GPS 卫星，同时位置精度强弱度值不超过 6 时，只需要利用 5 ~ 15 s 便可以得到固定解。每个移动站只需要安排一个人来进行测量操作，正式开始作业之前应该对已知控制点进行认真检查，确认没有错误之后，便可以实施放样作业，包括地形地物点、工程点、坑道和线剖面勘探，只需要 1 ~ 10 s 便可以完成采集。RTK 处理过程非常简单，将外业测量获得的坐标利用数据传输系统传至计算机，经过整理、分类和判别之后就能够打印。在放样方面，RTK 可以实时给出导航数据信息，既能够给出定位精度，同时还可以快速找到点位；测点和放点如果设置于勘探线上同样能够很快上线。通过 RTK 放样，导航数据无须通过对讲机来传送，导航视图快速上点以及上线，这就确保了工作效率。

（2）野外作业。在基准站 GPS 接收机实时动态差分系统中输入工作区坐标系之间的转换参数；在基准点设置 GPS 接收机，同时将天线高度及位置坐标输入接收机，再结合转换参数把地方坐标转变为 WGS-84 坐标；与此同时，基准站通过电台发送测站坐标、观测值、卫星跟踪状态以及接收机工作状态等，流动站接收来自基准站的数据信息，经过处理之后便可以获得该点 WGS-84 坐标；再对 WGS-84 坐标进行转换，使之以地方坐标实时显示。

（3）应用实例。

工作区简介：某矿区需要进行地质勘探的面积在 1 km^2 左右，此位交通较为便利，处于中低山区中部。整个矿区呈现 "V" 形沟谷发育，海拔标高最高为 450 m，河床标高 200 m，地势比高 350 m。矿区是构造侵蚀地形，坡度超过了 25°。

控制点测量：把工作区中的 3 个 GPS 点设置成已知控制点，设于矿区附近。在其中一点放置基准站，利用流动站测量能够得到控制点 WGS-84 坐标系统的平面和大地高坐标，通过已知点可以求解转换参数，进而获得工作区加密控制点成果坐标。在进行测量时严格按照地质矿产勘探测量规范来实施，测量手段和精度均满足相关要求。

地质点、坑道钻孔和槽探端点的测量：根据随指随测原则来进行地质点与槽探端点的测量。钻孔放样严格根据初测、复测及终测流程进行。根据设计坐标来实现坑道口的测定，将图根点设于坑道口，以便全站仪测量。

作业精度检测。利用三种方法实施作业精度检测，在已知点上设置移动站获得数据，同时比较获得坐标以及正确值，总共测量了 3 个点；在不同时间段测量特征点，同时对特征点差值进行比较，总共检测了 23 个点；通过全站仪和钢尺量距检测相邻地形点的高差和距离，总共检测了 32 个点；上述三种方法总共对 58 个点进行了检测，对结果进行精度统计表明，高程和平面精度分别是 ±0.11 m 和 ±0.18 m，满足地质勘探精度要求。

与传统作业手段相比，RTK 测量技术具备非常明显的优势，在地质勘探中利用 RTK 技术可以大幅度提升测量精度、降低测量成本、测量效率显著提升、效益更好。很多成功的实践已经证明，RTK 测量技术对于地质勘探而言是一次重大的技术变革，使地质勘探工作变得更加方便。但是，我们必须清醒地认识到 RTK 测量技术存在的问题，在具体应用过程中应该采取有效措施尽可能避免这些问题的出现，只有这样才可以确保测量精度和质量。

第二节 输变电线路工程地质勘探技术

工程地质所属于地球科学，用来研究人类工程建设与自然地质环境的影响。随着信息时代的到来，科学技术日新月异，人们的工作与生活离不开科学技术。在这种大环境影响下，测量、物探、试验等工作开始在设备与技术上不断更新与完善，一些新的方法推陈出新。尤其是计算机技术的普及与应用，无疑为工程地质注入了新鲜元素。基于此，本节将着重分析探讨输变电线路工程地质勘探，以期能为以后的实际工作起到一定的借鉴作用。

一、输变电线路工程地质勘探要点

（一）岩溶地区输变电线路工程地质勘探

首先岩溶发育与当地地质条件、水文条件等息息相关，岩溶发育的地区包括断裂层地段、石灰层区域、地层平缓地段，另外在地下水汇聚的地方和边缘地区都是岩溶发育高发区。岩溶发育的特点是逐层发育，这种现象的原因是地壳的运动，溶洞的发育一般顺着层面角度开展。若是在这种地区进行勘探需要重视的问题是岩溶发育的规律，尽量让杆塔远离岩溶发育地段，以防止岩溶的发育影响杆塔的稳定性。通过分析大量的原有资料来得出具体的施工方案，当然若资料中未标明的地段可以采用少量的人工钻探来完成。如果输电杆塔确实无法避开岩溶发育地区，需要进行钻探或者物探来确定溶洞发育的情况及后期对杆塔产生的影响，并且提出合理的塔基处理措施。一般情况下，可用红黏土填充溶沟或溶槽，为了测出岩溶对杆塔的影响，需要对塔基四个角分别进行探察。在岩溶发育较低的地段可以采用坑钻等探测方法，而对于岩溶发育深度大的地段则需要深度较大的探测方法。

（二）滑坡、崩塌和泥石流发育地区输变电线路工程地质勘探

（1）介绍滑坡发生的主要特征，滑坡地形一般呈现椅状，坡度在25°左右，滑坡地区民房的墙壁可以看到裂缝，滑坡边缘呈双沟状。在这些地区的输电线路勘探中，线路以避让这些不良地质现象发育地段为主，因此，对这些不良地质现象的识别就很重要。

（2）在线路的勘探过程中，当遭遇上述的不良地质条件时，必须要确定出该地质的现状，若正处在活动时期，最优的方法就是避让。但若确实无法进行，可采取合理的方式进行综合整治；对一些规模大且难处理的灾害可详细分析勘探结果，进行经济性比较，当整治费用较高时可以选择其他路径。目前滑坡主要是土质滑坡，为了整个杆塔的安全应避开那些坡度较大、土层松软地区。在勘探的时候，如果遇到类似问题要给予高度重视，为了对斜坡稳定性做出正确评判可对当地的地形地貌、土质条件、水文气象等方面进行仔细勘探。

二、输变电线路工程地质勘探方法措施

在输变电线路工程地质勘探工作中，物探实验是输变电线路工程地质勘探必备的手段。物探的方法种类较多，如电法勘探、重力勘探、磁力勘探、孔内物探等。可以利用物探手段探测隐伏的地质界线、界面、岩溶洞穴、采空区、含水层等，孔内物探可以探测钻孔及外延段地质情况、地层的波速、振动强调、卓越周期等参数。特别对长隧道、岩溶区、采空区有重要作用；给长隧道的围岩等级、断层等分析，岩溶区、采空区等不良地质的区域、

埋深及厚度的界线划分提供了科学依据；孔内综合测井对岩性的完整程度及水文地质情况提供依据，波速检测对拟建场地的类型判断提供依据。

实验主要为野外实验和室内实验。野外实验着重于孔内的动力触探和标准贯入实验，动力触探是对碎石类土的密实度野外判定方法，标准贯入是对黏性土的塑性状态和砂类土的密实度的判定；室内实验是对钻探各工点所取样品（土样、岩样、水样等）进行室内分析，为设计施工提供物理力学指标和工程施工造价重要支撑。

内业资料整理是任何工程必不可少的环节。对于地质工程勘探的内业资料整理：将所有野外调查资料、勘探资料、物探实验资料进行归纳总结转换为电子化格式，也是对野外调查资料、勘探资料、物探实验资料进行修正的过程；最为重要的是研究总结工程地质和水文地质条件、复杂地质构造形成的合理性、物理力学指标的可用性、拟建工程的可行性，对设计和施工提供合理化建议。

同时，在进行输变电线路工程地质勘探时应遵循下列原则：①对全线重点地段，进行地震波法、电法测试，以划分岩、土层；②对全线车站做土壤电阻率、控制性的大地导电率测试，以满足牵引变电、牵引供电及接触网等专业的设计需要；③对重大桥梁工程，应做岩、土波速测试（含纵、横波波速），结合室内岩块测试资料，计算岩体完整性系数，划分地基土类型、场地类别、岩层风化带、隧道围岩分级、弹性模量、泊松比，绘制 Vp-H 曲线；④如疑遇以下现象，可视情况选用物探作为勘探的辅助手段：地质层突变、不良地质（含软弱地层）、区域断裂、风化深槽等。

总而言之，伴随着科学技术的迅猛发展，社会经济显著提高，电力工程地质勘探工作也有了较快的发展。工程建设规模不断扩大，建设高潮再度来临，而工程地质是其建设中非常重要的一部分。随着工程建设的发展，地质勘探同样面临着新的机遇与挑战。这就要求我们在以后的实际工作中必须对其实现进一步研究探讨。

第三节 地质勘探中如何防治滑坡问题

滑坡是主要的地质灾害之一，由于其非稳定性、多变性、诱发因素、形成条件的复杂性，导致其预测困难且治理难度大、费用高。本节详细分析了地质勘探过程中的滑坡的具体识别以及实际的防治方案，力求为相关工作的进步做出积极的贡献，为技术水平的提升做出努力。

随着在复杂地质体中进行重大工程建设的情况日益增多，滑坡体的结构越来越复杂，选择科学有效的防治措施，成为工程能够达到预期目的的关键。对此要从实际出发，对滑坡的类型和形成条件进行深入的研究，同时针对具体的滑坡防治措施的可靠性、适用性及合理性进行分析，争取为相关的地质勘探工作奠定稳定的基础。

一、滑坡的定义

滑坡的定义有两种：①狭义的定义；②广义的定义。狭义的滑坡定义是指斜坡上的土体或者岩体，受河流冲刷、地下水活动、雨水浸泡、地震及人工切坡等因素影响，在重力作用下，沿着一定的软弱面或者软弱带，整体地或者分散地顺坡向下滑动的自然现象。但过去欧美国家多采用广义的定义，即将滑坡定义为形成斜坡的物质，如天然的土、岩石、人工填土或这些物质的结合体向下和向外的移动。这实际上把所有的斜坡移动都称为滑坡。但近来一些地质勘探的学者不把上述的广义定义称为"滑坡"（Land slide），而改称为"斜坡移动"（Slope Movements）。

二、滑坡的类型及其形成条件

（一）滑坡的类型

为了更好地对滑坡进行认识和治理，需要对滑坡进行分类。但由于自然界的地质条件和作用因素复杂，各种工程分类的目的和要求又不尽相同，因而可以按照体积、滑动速度、滑坡体的厚度、规模大小、形成的年代等划分。例如，按照体积划分可分为巨型滑坡、大型滑坡、中型滑坡和小型滑坡；按照滑动速度划分可分为蠕动、慢速、中速和高速滑坡；按照滑坡体的厚度划分可分为浅层滑坡、中层滑坡、深层滑坡和超深层滑坡；按照形成的年代划分可分为新滑坡、古滑坡、老滑坡和正在发展中滑坡。在实践操作过程当中，还有许多不同类型的划分标准，需要根据具体的需要和实际的工程建设施工的情况等，来进行系统的分析和研究。

（二）滑坡的形成条件

1.强度因素

滑坡的移动速度、规模、移动距离以及其释放的势能都关乎滑坡活动的强度，一般来说，滑坡体的移动距离越远、移动速度越快、体积越大、位置越高，则滑坡的活动强度就越大，危害性也就越强。具体讲来，影响滑坡活动强度的因素有多种。地形：滑坡的坡度与高度差越大，所形成的滑坡的滑速就越高。滑坡的滑移距离与滑坡前方地形的开阔程度有很大的关系，地形越开阔，滑坡滑移的距离也就越大。岩性：组成滑体的土、岩石的力学强度越完整、越高，形成滑坡的概率就越小。另外构成滑坡面的土、岩石性质，直接影响滑速的高低，一般情况下，滑坡面的力学强度越低，滑坡的滑移速度也就越高。地质构造：分离、切割滑坡体的地质构造发育得越成熟，所形成的滑坡的规模往往也就越大。诱发因素：外界能够引发滑坡运动的因素越强，滑坡的活动强度也就越大。例如，特大暴雨和高级地震所导致的滑坡大部分为高速滑坡。

2. 人为因素

人类的一切违反自然规律、破坏斜坡稳定条件的活动都是引发滑坡的因素，比如开挖坡脚：建厂、依山建房、公路、修建铁路等工程，会使滑坡体下部失去支撑点而引发滑坡。蓄水、排水：农业灌溉、工业生产用水和废水的大量排放、水池与水渠的渗漏和满溢等，都会使水流深入滑坡体，增加坡体的容重，软化岩体，加大孔隙水压力，进而诱发或促使滑坡发生。水库的水位上下不停地剧烈变化，增加了坡体的动水压力，也会导致岸坡和斜坡诱发滑坡发生。重量太大，超过了坡体承受的极限，失去平衡而沿软弱面下滑。

三、滑坡的识别与防治方法

（一）滑坡的勘探识别

关于滑坡的识别，主要有三个方面的内容：①对滑坡的边界进行识别和判断，在滑坡的后缘断壁之上，会存有顺坡的擦痕，而在其前缘的土体由于受到了挤压，会出现凸起的情况，并且在滑坡的两侧，经常会出现裂面等。同时，因为经过了滑动，其面会比较光滑，且实际滑动的方向和擦痕的方向一致。②仔细识别地物及地貌等相关的标志，例如在野外进行勘探工作的时候，可以通过对一些地貌标志的观察分析，判断其是否具有形成滑坡的条件，在滑坡体上，一般有分成多级的平台等。其实际的高程和外貌等方面的特征和其周边的环境有比较大的差别，而且时常会出现双沟等现象，在部分的滑坡体上，还会存在积水洼地和地面的裂缝等情况。③水文地质等方面的标志，斜坡原有的含水层的内部情况会出现一定程度的损坏，这使滑坡体本身成为一个比较复杂的单独含水体，且在发生滑动的前端会溢出泉水。

（二）滑坡的防治方法

1. 进行地质勘探与测绘

要通过全面的地质勘探以及测绘等工作，对滑坡体的发生及地层结构进行深入的研究和分析，来制订科学合理的防治方案。对滑坡进行工程地质勘探应着重查明滑坡的危害程度、性质、范围、位置、类型及要素、工程地质与水文地质背景，分析滑坡形成的原因，判断其稳定程度，判断其发展趋势，制定整治设计或防治方案和措施。工程地质测绘与调查的范围应包括滑坡区以及相邻的稳定地段，一般包括坡体两侧自然沟谷和滑坡舌前缘的一定距离，以及滑坡体后壁外的一定距离。测绘的比例应根据滑坡规模的大小在 1 ∶ 500 ~ 1 ∶ 1000 选取，但用于整治方案的测绘比例尺是 1 ∶ 500 或 1 ∶ 200。勘探分析滑坡的发生与地层结构、水文地质组成、地貌及其演变、断裂面的机构、岩（土）性质和人为活动等因素的关系，了解引起滑坡的主要因素。

2. 截水排水

各类斜坡（包括天然滑坡和工程边坡）出现滑坡现象时大多是在暴雨季节，或者是某种事故引起地下水活动异常，江河湖库水位忽起忽落。这说明了水是诱发滑坡活动的主要原因之一。进行排水的主要目的是减少地表径流和暴雨对坡面的冲刷、消除或减小滑坡或滑坡支护结构所承受的静水压力、减小渗透压、避免发生渗流破坏、降低坡体中的地下水位、提高滑坡的稳定性。地表排水包括防、截、排三项措施。防是指通过对坡面采取合理的防渗措施来处理已经进入坡体范围内的地表水和降雨。对平整坡面是使其保持一定的坡度，如坡面种植草木或喷混凝土等，达到防止或减少地表水的渗入并尽快汇集和引出的目的。截是指应在滑坡体外围设置截水沟用来拦截滑坡以外的地表水，不让其进入坡体范围内。排是指充分利用滑坡体外围的自然沟谷，并科学合理地修建新的排水沟，为的是使地表水迅速排出坡外，减少其渗入。

3. 抗滑挡墙

抗滑挡墙和一般的挡土墙一样，根据其受力条件、材料和结构不同，而分为多种形式，如贴坡式挡墙、扶壁式挡墙、恒重式挡墙、重力式挡墙及各类加筋土挡墙等。挡墙设计必须满足不滑动、不倾覆、不产生过大的沉降变形，还需具有足够的强度。除特殊规定外，抗倾覆的稳定安全系数应在 1.5 以上；挡土墙的抗滑稳定系数应不小于 1.3，地基承载力应大于基底压应力的平均值，剪应力应不大于墙体剪切强度，墙体正应力应不大于抗拉强度、墙设计抗压，偏心距小于等于计算截面的截面宽度。为保证挡墙安全，计算土压时将作用于挡墙上的滑坡推力与主动土压力进行比较，取其中较大者作为挡墙设计土压力荷载。

4. 削坡减载和压脚

削坡减载和压脚是直接降低滑坡下滑力和直接增加滑坡阻滑力的有效措施。虽然单一采用削坡减载或单一采用压脚均能有效提高滑坡稳定性，但在工程实践中，最好能将二者联合使用，主要原因是前者可为后者提供填料，后者可为前者提供堆弃场地，使工程土石方达到平衡。对于一般滑坡，削坡减载的重点应放在滑坡的上部，否则就对治理滑坡毫无作用。压脚适用于坡脚有较大空间的滑坡。

引起滑坡的主要原因是强降雨和施工切坡，但也与在勘探设计阶段对该段斜坡体的稳定性认识不足以及边坡预加固措施不当等诸多因素有关。综上所述，本节根据对地质勘探中滑坡问题的认识以及其防治方案进行深入的研究分析，从实际出发，严谨细致地分析了滑坡的划分标准、主要类型以及其形成的条件，争取为相关工作的进步和发展做出贡献，并为更好地保证施工建设的质量和效率打下坚实的基础，为施工操作的稳步进行，提供充足的理论依据。

第四节 中小河流河道治理工程地质勘探技术

近年来，随着国家对水利工程的投资不断加大，中小河流河道治理工程依次展开。在这种情况下，该怎样提高河道治理工程地质勘探技术水平是值得我们去深究探讨的问题。本节概述了某中小河流河道治理工程的现状及存在的主要问题，对工程地质条件做出评价，最后提出合理性建议。

一、工程地质勘探现状及存在的主要问题

（1）现状。该河流全长 20.30 km，是流经其附近乡镇的主要排水河道。流域内主要地形为山丘、平原。每逢暴雨，山水、高地水顺势汇流较快，抢占河槽，涝水无法及时排出，洪涝灾害严重，该河流洼地受灾最重，制约了本流域内国民经济的发展，急需尽快进行综合治理。

（2）存在的主要问题。①河道年久失修，河床淤塞，堤防损毁严重，防洪标准极低。②跨河桥梁及拦河闸等跨河建筑物设计标准较低，年久失修，损毁严重，部分桥梁设计孔径较小，梁底高程较低，严重影响泄洪及排涝功能。③大部分堤段堤顶高度不能满足设计要求，急需整治。④河道缺乏管理，管理手段和管理设施落后。

二、工程地质条件

根据工程地质调查、钻探揭露和室内土工试验成果，本次勘探范围的主要地层自上而下可分为填土、粉质黏土、淤泥质粉质黏土、粉质黏土。描述并评价如下：①填土：棕黄色，稍湿～湿，可塑，稍密，主要为粉质黏土，局部夹粉细砂、粉土。表层 0.5 m 以内含植物根系，较为松散，局部含少量碎石。②粉质黏土：棕黄、灰黄色，湿，硬塑，切面较光滑，稍有光泽，干强度与韧性中等，含铁锰质结核，夹稍密状粉土、粉细砂。该层强度一般，抗冲能力一般。③淤泥质粉质黏土：深灰色，流塑～软塑，湿，含腐殖质，夹粉土、粉细砂。该层强度较低，抗冲能力较差。④粉质黏土：黄褐色，硬塑～坚硬，湿，该层未揭穿，该层强度高，抗冲能力强。

地下水类型为孔隙潜水和孔隙承压水，主要接受大气降水入渗补给，汛期受河流补给，赋存于填土中，排泄到河流和低洼处。根据勘探深度范围内黏性土的分布和组合关系，堤基地质结构主要为双层结构，即上黏性土、下淤泥质土。综合考虑历史险情和堤基地质结构等因素，堤基工程条件为 B 类。

三、工程地质条件评价

（一）场地适宜性评价

该堤防及邻近无大规模区域性活动断裂通过，地质构造较简单，总体稳定性较好，自然环境条件优越，可进行河道治理工程的实施。

（二）场地地震效应及砂土液化评价

勘探区工程抗震设防烈度为Ⅵ度，地震动峰值加速度为0.05g，地震动反应谱特征周期为0.40s。根据勘探资料，结合规范，该工程场地土类型为中软土，场地类别为Ⅱ类。勘探区工程抗震设防烈度为Ⅵ度，不考虑工程场地液化问题。

（三）不良地质作用评价

河流两岸大堤破坏严重，达不到20年一遇的防洪要求。堤身填土以粉质黏土为主，局部含生活垃圾、瓦块、碎砖，表层夹植物根茎。填筑质量不均，局部较差。在高水位行洪时，可能会发生坡面冲刷及堤身渗漏，影响堤身稳定。

（四）场地地基条件评价

拟建场地上部第四系覆盖地层结构较简单，上部填土厚度不均，均匀性较差，下部黏性土层分布连续，厚度较稳定，性质较好。综合评价场地岩土层均匀性一般。

（五）场地稳定性评价

场地地形较平坦，岩土层种类较多。在勘探范围内未发现滑坡、泥石流及崩塌等不良地质作用和不利埋藏物。因此，判定场地稳定性较好，适宜本工程新建。

（六）设计所需岩土层参数

堤基地质结构包括多层结构、双层结构和单一黏性土结构。综合考虑历史险情和堤基地质结构等因素，堤基工程条件为B类。

（七）场地水腐蚀性评价

根据对周边环境的调查，拟建场地附近无污染源，场地内的地表水、地下水及土层均未受到污染，依据本地区经验及邻近场地水样分析结果，结合规范判定场地地表水、地下水均对普通硅酸盐混凝土无腐蚀性，在干湿交替环境下亦无腐蚀性。判定场地地表水、地下水均对普通硅酸盐混凝土结构中钢筋具微腐蚀性；在干湿交替环境下对混凝土中的钢筋亦具微腐蚀性。

第五节　地质勘探中的物、化探勘探技术

在对矿产勘探中的物、化探技术进行分析时，要先了解其本质上的概念，把握物、化探技术在矿产勘探中应用的基本原理。在现代的社会发展中，现代地质勘探工作主要针对地质状况进行有效的勘探。社会的经济发展和现代技术的发展，都对地质勘探工作提出了很高的要求，这就需要物、化探技术在矿产勘探中能够得到充分的应用，促进经济的建设和发展。

一、物、化探技术的论述

物、化探技术在矿产勘探中的应用主要包括对地质情况的调查，分析区域内的地质状况，同时能够勘探出内部的矿产分布情况，使相关的工作人员对该区域内的地质条件和环境状况有一定的了解。在当前的发展中，物、化探技术在应用中还存在着一些缺陷，对矿物勘探起到一定的阻碍作用，矿产单位需要对出现的问题进行完善，加强地质勘探的技术水平，促进社会的发展。

（一）物探技术的分析、研究

在地质勘探中，物探技术的应用主要是通过电、磁和重力等物理元素进行矿产的探测，运用该技术能够实现大范围矿产资源的寻找，加强在地质勘探中矿产矿物的勘探力度。在实际的应用过程中，主要的技术方法有地震法和电磁法。其中地震法是通过声波技术的应用对相关数据进行获取，在对数据分析时能够有效地判断地下物质的特性，从而确定矿产资源的类型。

在电磁法的应用中，一般采取的方法为被动源电磁测探法，能够依靠天然的交变电磁场的作用原理，对磁场的强度进行调节来进行地质的勘探，从而能够获取到相关的数据图像，再对图像进行分析和研究，确定地下矿产和岩石的分布情况。其方法主要作用在矿产资源的勘探中，在一般情况下，勘探的方法还有低频电磁法，其应用的原理为在地质的构造中，将工作人员发射的低频无线电作为场源，仔细对得到的数据进行记录，当出现异常反应时，就能够实现矿物的勘探。

（二）化探技术的分析、研究

在矿产勘探中，相对于物探技术，化探技术的应用在实际的效果上表现得更加优越。在对天然气进行勘探时，采取的地球化学勘探方法，其主要的应用是通过金属矿物勘探气态的物质，其中汞气勘探较为普遍。在当前的社会发展中，地球表面的资源开发和矿物质的开采不断扩大，可利用的资源正在逐步减少，地质开采的目标开始由地表向地下矿物资

源转移。地球化学技术的发展和精密仪器的使用使地质勘探技术快速地发展，认真分析和研究地球化学勘探方法，能够使其在地下矿物的寻找上更为优越，实际的勘探效果比物探技术得到的结果更为明显。在科学技术的发展下，化学设备仪器的精密程度不断地加强，使化学在矿物的分析上效果更加显著。

二、矿产勘探中的物、化探技术应用及地质效果的分析

在矿产的勘探中，使用地球物理方法和地球化学方法得到的信息中，不能够保障信息的准确性，对矿产勘探工作产生了一定程度的影响。另外，在得到的数据信息上，若是不能科学合理地解释，就没有办法确切地对数据提供的信息进行详细了解。通常的情况下，物、化探技术在矿产勘探中的应用，一般会依据相关工作人员的经验，对其进行判断、分析和研究，这在矿产勘探中会降低勘探的合理性和科学性。

在地质勘探过程中，通过化学勘探技术的应用，加强对地质构造和环境地质的分析，详细记录得到的数据信息。同时，要加强对地球化学勘探技术的完善和创新，能够发挥物化探技术的积极作用和带来的价值。矿产资源在我国的生产和发展当中有着重要的作用，发展物、化探技术的应用和加强对矿产资源的勘探管理，进一步实现其在矿产勘探中的应用价值。

在保障物、化探技术的应用原则上，安排专业的人员对数据进行分析、研究，并推断周围的地质环境。在应用的过程中，将地球物理和化学勘探技术结合起来，发挥它们的优势对隐伏矿进行查找，保持优化原则有效的数据信息获取，同时提出合理有效的实施方案。分析地质特征、矿物特征等情况，保障在矿产勘探中，物、化探技术的应用和地质效果能够最大化地利用。

在矿产勘探过程中，可以划分成不同的地质勘探模式，根据具体的情况进行科学合理的调查，从而实现对矿产分布和水文地质情况的掌握。在实际的工作当中，合理地对矿产勘探中的物、化探技术进行应用，加强对矿产资源的勘探，促进社会的生产发展。

第六节　物探与钻探相结合在地质勘探中的应用

随着科技的进步，出现了许多新的勘探技术和设备。这些新技术和新设备的应用，提高了地质勘探的效果和质量。现阶段，物探与钻探技术相结合的方法在地质勘探工作中得到了广泛的应用。基于此，本节分析了物探与钻探技术相结合的实际应用和有关注意事项，并提出了提高地质勘探技术水平的相关建议。

一、物探与钻探技术相结合的实际应用

（一）直流电阻勘探技术

直流电阻勘探技术是借助探测勘探设备从观测点进入，逐步深入地下进行勘探，并通过电阻率的变化了解地下岩体情况的技术。该技术的应用在一定程度上能够对地下岩体的规模和分布情况进行了解，因此，很多工程勘探中应用了此项技术。近年来，随着科学技术的不断发展，出现了高密度电阻率勘探技术，大大提高了地下物质的勘探效果，尤其是在城市建设中，能够有效勘探浅层地下物质，为城市建设提供信息资料支持。在地下岩层勘探中，该技术能够有效勘探地下垂直范围的岩体或小倾角范围内的岩体，如果倾斜角度变大，会增加电测探的难度，因此，可在了解岩层分布的情况下，利用电测探的方法为中小型工程项目建设提供服务。

（二）瑞雷波技术

瑞雷波技术是指在稳定状态或者瞬时状态下，对地下岩体进行观测的一种技术。由于稳定状态时，资金耗费高、设备体积大，在实际地质勘探中的应用受到了一定的限制。而在瞬时状态下，该技术对设备要求不高，操作相对简单，且测定效率较高，所以在地质勘探中得到了广泛的应用。瞬时状态下的瑞雷波技术，测试信号主要来自冲击地震波（垂直作用于地面），在该类波影响的范围内，可有效集中瑞雷波信号，并利用其反射波达到正演和反演的目的。另外，该技术具有较强的兼容性和较高的智能化程度，因此，当深度改变时，该技术依然可以测定实际钻孔深度的岩层情况。大量实践分析表明，通过对比相关数据，发现钻孔分层位置与频散曲线的之字形拐点的位置相同，因此，进行矿山勘探时，可采用与测量、钻探资料相结合的方式对岩层的走向和钻孔的结构进行清晰的描述。

（三）地震波勘探技术

地震波勘探技术的原理是通过地波的方式对地下物体进行探测，主要包括两种波：反射波和折射波。具体来说，是通过观测和分析反射波（或折射波）时间场沿测线方向的时空分布规律，确定地下反射面（或折射面）的构造形态、深度、性质等数据。地震波勘探技术具有准确度高、成果单一的特点，缺点是成本较高。但是，其良好的勘探效果使其在地质勘探中得到了广泛的应用，特别是 CT 技术的应用，可以对地下岩体进行成图处理，提供可靠的信息资料。总之，结合 CT 技术的地震波勘探技术提升了勘探效果，给场地动力学提供了实际的参数资料，为地质研究、工程建设奠定了基础。

（四）地质雷达勘探技术

相比以上几种勘探技术，地质雷达勘探技术较为复杂，分辨率、勘探深度易受距离、

电磁波功率、天线方向等方面的影响，因此，在应用该技术时，需全面考虑各种影响因素。现阶段，工程中常用的地质雷达勘探方法是剖面法和宽角法构成的双天线地质雷达勘探。

二、物探和钻探技术相结合应用中的注意事项

（一）直流电阻法应用方面

用直流电阻法进行勘探时，可能会出现异常区误判的问题。在采用直流电场的全空间三级超交汇技术时，很可能对异常区进行错误判断，尤其是富水性难以准确判别，导致物探结果出现多解，进而影响后续工作进展。

（二）千米钻机方面

千米钻机是钻探中常用的机械设备，具有机身大的特点。在实际钻探过程中，受综掘机影响，小断面使钻机难以前移，或存在较大倾角时钻探难以施工，所以，应在巷道选择适宜的位置作为施工钻场，并利用具有钻孔距离长、定位准确、覆盖面广等优势的千米钻机进行异常区的钻孔验证。

（三）物探结果多解性方面

为了避免物探结果多解性的出现，在物探过程中，应做到以下几点：①技术人员要合理选择物探地点，严格控制工作面导电体等物理因素，在物探前，应将工作面的供电切断，并有效解决和处理可能影响物探结果的其他物质；②在钻探过程中，要综合分析岩性、飘钻等问题，降低对物探结果的影响。

三、提高地质勘探技术水平的相关建议

（一）培养地质勘探专业人才

在市场经济体制背景下，人才是各个领域发展的重要因素，地质矿产勘探工作亦是如此。因此，要结合地质矿产勘探科研单位和相关院校开展地质勘探专业技能人才的培训工作，从而培养该专业的人才，增加培训人员的知识储备，提高培训人员的专业水平。另外，在实际的地质勘探工作中，如果遇到新问题、新情况，相关工作人员应积极应对，并对此展开讨论和相关内容的培训，从而提高工作人员解决问题的能力，满足地质矿产勘探的发展需求。

（二）对地质矿产勘探理论和技术进行创新

地质矿产勘探理论在地质矿产勘探工作中发挥着重要的指导作用，是该工作开展的重要基础。在科学技术不断发展的背景下，应充分利用现代网络技术、计算机模拟技术、专

业辅助技术等，对地质矿产勘探的理论和技术进行创新，并大胆应用新技术、新方法，从而实现地质矿产勘探理论水平及勘探结果质量的提升。

（三）研究机制的创新

为了更好地进行地质矿产勘探开发工作，应构建相关机制、制定相关政策和措施；还要对矿产勘探机制进行创新，从而提高地质矿产的开发效率。就矿产勘探机制创新来说，应做到以下几点：①矿产勘探前，应认真研究已有的地质环境和结构，详细了解矿产的成矿时间和地质事件等；②在上述基础上，结合待勘探区域的地质环境，绘制详细的勘探信息图，并在图上标注该区域的地质结构构造、矿产资源分布等信息；③对于一些重要的地质构造区域，应进行重点勘探，为后续的矿产开发打下坚实的基础。

总而言之，物探方法与钻探方法的结合能更好地进行地质勘探工作，不仅能够提高勘探的效率，而且能够提升勘探的质量，为矿产开发、工程建设等方面提供信息依据。为实现地质勘探，还应加强勘探机制、方法、技术等方面的创新，培养地质矿产勘探技术人才。

第七节　环境地质问题在地质勘探中的重要性

地质勘探是资源开发利用的一项基础工作，在这当中环境地质问题具有重要地位。处理好环境地质问题将会提高地质勘探质量，处理不好则会影响勘探质量，从而影响资源开发利用效果，因此在认识到环境地质问题重要性的基础上，对这些相关问题的了解、思考与实践显得尤为重要。基于此本节以环境地质问题与地质勘探为研究对象，对地质勘探工作中与环境地质有关的问题从四个方面展开论述，旨在通过论述为广大勘探工作人员树立环保观念，在理论上提供工作参考。

一、矿产资源和地质勘探

矿物与其衍生物在人类各方面文明中都有所渗透，从现代世界而言矿产资源能力象征着财富，象征着权力，在现代社会中对经济、政治与文化来说起到了支柱作用。在日常生活中，矿物与奢侈品之间有一种不可切断的关系，对家庭财富具有反映作用。对矿产资源来说这类资源不可再生。伴随不断的开发与利用，储量与可以开采的资源逐渐减少，与之相对应的是在人力资源上出现了严峻的供应问题，所以在资源预测和勘探使用中地质学家发挥了很重要的作用。

二、环境地质相关问题简析

环境地质问题指的是在环境方面存在多样化的因素，包括水圈与大气圈等各部分。在环境地质上看是指合理地对资源进行开发，通过对地形和地貌景观对稳定区域加以建设，通过生态地质环境促使人们更好地进行生产生活。环境地质方面的问题对人们生产生活与社会经济的发展具有重要的制约作用。从现阶段来看环境地质方面的问题主要有地质灾害等，在城市化推进过程中因为不合理的开发建设与不科学的规划问题，环境地质问题频繁出现。进入 21 世纪，发生概率愈加提高，危害越加严重，给生命财产安全带来了威胁，给国家在经济上造成损失。环境地质是当前重点预防和解决的难题，从南北方来看南方发生问题的概率要高一些。近些年来我国在这方面投入了大量资金，很多危险点被消除，但还存在很多问题。

三、勘探基本步骤

一般而言地质勘探过程分阶段来开展，第一个阶段为设计与规划草图，主要目的在于为建设地区地质条件进行初步调查。对区域稳定性的论证，结合地质条件的论证，以及某项建设的合理性与经济性、在技术上的可行性，这些需要文献档案等相关资料内容才能够完成。第二个阶段为初始设计，通常来说勘探工作是在指定的区域内进行的，在建筑场地上要求地质条件是最优质的，对地质问题进行适当定量与定性评价。在该阶段勘探与测绘、少许的试验工作都是必不可少的。第三个阶段为设计施工图，从实际施工情况来看应对基坑与挖方等进行编录，对建筑物的地基进行验收，对自然地质产生的作用与地下水等问题进行长期观测，结合实际施工情况做好各种试验工作。

四、重要性与应对措施

（一）重要性

从以往的勘探工作来看场地周边环境地质问题并没有受到重视，甚至被忽略。伴随环境地质问题的日益突出，在勘探当中地质勘探占有重要地位。从事实上来看在环境地质上的勘探在地质勘探工作中有着重要位置，二者不能被分割。一直以来人们的目光侧重在眼前利益上，对长期危害并没有注意，勘探工作不到位，甚至觉得没有勘探工作一样很合理。很多事实证明环境地质这项勘探工作有着重要地位，是勘探工作首要解决的任务，其他勘探工作做得再好，如果地质勘探工作较为缺乏，对于场地与规划区域并不了解、不清楚，对任何防治措施手段没有及时采取，在该种场地区域下潜藏着巨大的危险，损失很难被估量。从中可以看出任何一种建设项目，任何一种资源规划工作，都需要将评价工作做好，对防灾区域加以划分，对已有或是潜在的问题加以明确，采取相应防治措施与手段，新的项目规划和实施才能开始，任何一项超前行为都会产生难以预测的后果。

（二）应对措施

为保障国民经济发展的稳定性，需要对环境地质问题进行妥善处理，但对于这一问题的有效处理与防治是一项长期紧迫的任务，具有很大的难度。对加快问题调查与评价、治理，有效管理与监控资源开发与利用问题，管控处理环境污染问题显得很重要，对于高新技术手段的研究，在开发应用中使地质环境优化问题得以实现。这要求勘探企业要对勘探工作加以重视，坚持实事求是的原则将已有与潜在的问题找出来，对产生问题的原因进行分析，对发展趋势与危害性做出分析，对实际的调查评价报告进行提交，将防治措施提出来，为治理工作在技术上提供保证。如对于待建场地的建设，多处存在土质边坡的问题，个别后缘裂缝得以产生，在开展地质勘探工作中加强勘探工作，如果只是对地层岩性加以划分，对地下水位加以量测，只是注重这两项工作，土质边坡勘探被忽略，仅仅是拍照片而已，没有钻探与坑探揭露问题，土体堆积在厚度上并不详细，在水文地质条件上并不清楚，无法对稳定性的边坡问题进行评价，或者忽略不去做，当作普通简单的事情进行分析与评价，试想在此场地环境下完成工程建设滞后潜在的隐患有多么大，危害有多么大，这些都是不言而喻的。

综上所述，本节从四个方面对环境地质问题在地质勘探中的重要性展开论述。环境地质问题是地质勘探中需要处理的重要问题，处理好环境地质相关工作也是开展地质勘探工作中重要的工作。在开展地质勘探工作中应认识到环境地质问题对地质勘探工作的重要影响，首先要了解环境地质相关问题，这就需要对当地环境进行考察，了解地质环境概况，根据考察的情况做出分析，对问题加以发现，分析与预测问题，针对存在的问题采取好对策，制定好措施，坚持主动防范与超前治理的原则，保证在治理好环境地质问题的基础上将地质勘探工作做好，为勘探工作的开展做好保障。

第八节　绿色地质勘探综合技术的改进策略

近年来，由于我国对环境保护的要求越来越高，在工业领域开始了新的勘探技术，那就是绿色地质勘探技术。该勘探技术争取在不破坏环境的基础上达到对地质和地皮的勘探目的。目前，绿色地质勘探技术还存在着一些问题，主要有绿色地质勘探的工作环境有待优化、对找矿信息的重视程度还不够、专业人才不足、地质勘探技术和设备不够先进等。本节对这些问题进行了分析，在此基础上提出了一些改进措施，希望能给地质勘探工作人员带来一点启示。

一、绿色地质勘探工作存在的一些问题

（一）绿色地质勘探的工作环境有待优化

绿色地质勘探的环境分为内部环境和外部环境。近年来，由于我国整体环境质量每况愈下，绿色地质勘探外部环境的质量也随之变得越来越差，外部环境质量的变差直接导致内部环境的质量，这在一定程度上影响了勘探工作的进行。另外，由于一些人对绿色地质勘探工作还存在着不少误解，他们认为地质勘探工作就是对自然资源的占有和破坏，因此，我们的地质勘探工作人员在外进行实地工作时被人们误解为在挖掘自然资源，常常会受到当地民众的阻挠，给勘探工作带来了难度。特别是一些当地居民认为勘探后将会进行资源开采，会给当地环境带来巨大的破坏，因此百般阻挠。其实并不然，绿色地质勘探只是对大地里存在的资源进行探索而已，探索出来的资源还是服务于人民的。

（二）对找矿信息的重视程度还不够

找矿信息的准确程度直接影响着勘探工作是否能顺利进行，同时也与地质勘探工作的成本投入有一定的关系。可想而知，如果找矿信息准确的话，勘探技术人员就能根据定位准确地找到工作地方，这样不仅能节省时间，还能省下很多的人力、物力和财力；反之，如果找矿信息不够准确的话，那么还要花费大量的时间去确定位置，这样会花费大量的人力、物力和财力，得不偿失。而就实际情况来看，有些企业对找矿信息的准确性还不以为意，没有引起足够的重视，企业应该加强这方面的管理力度。

（三）专业人才不足，地质勘探队伍的建设有待加强

目前就地质勘探的建筑企业来说，最重要的问题应该就是专业人才并不多，可以说严重不足。因为绿色地质勘探工作不仅要求有扎实的理论基础，同时还必须要有丰富的实践经验，而两者都具备的人才可以说少之又少。专业性不强，就无法对地质勘探工作进行科学、合理的解决，而实践性不强，就无法对工作中突然出现的问题进行妥善的处理，处理不好，还得要求其他员工来解决，在实际工作中会遇到各种各样的问题，而人才本来就稀缺，没有专业人士会专门教你实际操作。所以，绿色地质企业目前最缺乏的就是理论知识与实践经验都有的专业型人才，加强队伍的建设才是当前工作的重心。

（四）地质勘探设备不够先进

地质勘探设备是保证勘探效果准确性的重要因素，绿色地质勘探必须要求设备的先进性。在以往的地质勘探过程中，一些企业使用的勘探技术比较落后，使用的勘探设备比较老旧，导致地质勘探问题多发，不仅不能达到绿色勘探的要求，对地质和环境的破坏较大，而且无法准确、全面地进行岩土工程的勘探。因此，为了得到准确有效的勘探资料数据，

未来对地质不造成没有必要的伤害和破坏，做好绿色地质勘探，就必须要对勘探设备的硬件设备进行升级，对勘探设备进行优化，以此来提高勘探效率。

二、解决绿色地质勘探工作中问题的对策

（一）优化绿色地质勘探的工作环境

要想提高地质勘探工作的效率，首先应当改善工作的中的环境，不仅要改善内部环境，还有外部环境。国家和政府应当加大在这方面的改善力度，制定一系列相关政策和措施加大改善力度，让人们对地质勘探工作有新的认识，重新了解一下地质勘探工作的本质和它在人们生活中的作用，有了新的认识，人们便不会对其有误解，这在一定程度上为地质勘探工作提供了良好的工作条件。

（二）提高对找矿信息的重视程度及准确程度

想要准确无误地开展绿色地质勘探工作，找到准确的矿源信息是关键，这是地质勘探工作的前提，相关工作人员也应当提高对找矿信息工作的重视程度。同时，工作人员也应该加强学习，多参考各方面的书籍资料，提高自身的技能，从而能够准确无误地找到矿源，这样能节省很多的时间，也为地质勘探工作节省了大量的人力、物力和财力，保证工作能够顺利进行。在地质勘探工作中，有的技术人员由于缺乏实践经验，在找矿源时没有准确性，导致后期的开采工作浪费了大量的时间，结果什么都没有，不仅浪费时间，还花费了大量的金钱，造成了巨大的经济损失。所以说，工作人员必须提高找矿信息工作的准确性，为以后的开采工作打好基础。

（三）加强对绿色地质勘探队伍的建设

勘探技术人才是进行工作的前提，具有高素质、高技术、高水平的人才，会给地质勘探工作节省很多时间，所以，企业应当加强地质勘探队伍的建设，保证队伍人员的高水平。首先，国家应当在高校开设相关的课程，鼓励大学生积极学习这个专业，为这个行业培养大量的人才。其次，企业也应当定期对员工进行培训，加强他们的技术水平，也可以让他们的水平与世界接轨，成为更加专业的高技术人才。最后，还应当完善员工福利制度，绿色地质勘探工作是比较危险的工作，员工在工作过程中会遇到危险，有完善的福利制度能促进员工工作的积极性。

（四）使用先进的地质勘探技术和地质勘探设备

近年来随着科学技术的不断发展和进步，一些先进的勘探技术和地质勘探设备层出不穷。做好绿色地质勘探工作，就要合理地利用好这些先进的勘探技术，充分利用先进的地质勘探设备。作为地质勘探技术人员，要不断钻研和学习新的地质勘探技术，跟上时代的

步伐和科技的发展。作为勘探企业和勘探机构，要在设备的更新换代上舍得投入资金，及时淘汰落后的地质勘探设备，与国际接轨，充分利用最先进的设备。购买设备后也要做好使用者的技术培训工作和设备保养工作，让先进的技术和先进的设备成为开展绿色地质勘探的基本保障。

经过长时间的累积和实践，我国的地质勘探技术已经形成了特有的技术，有了自己的特色。但是工作中也还有很多问题存在，勘探工作的内部环境和外部环境有待提高，较差的环境会给勘探工作带来一定难度，找矿信息的准确性也不高，还缺乏大量的专业人才，这都给勘探工作带来了阻碍，想要提高勘探工作的效率，就必须实际解决这些问题。

第九节　土建工程项目地质勘探与基坑支护设计

近年来，随着我国社会经济的高速发展，土建工程行业也取得了一定的成绩，在迎来全新发展机遇的同时，也面临着一系列的挑战。基于人们对基础设施的需求越来越大，工业建筑建设规模逐步扩大，数量也不断增多，基坑开挖深度也随之提高，这就对土建工程项目建设提出了更高的要求，必须重视地质勘探和基坑支护工作。加强土建工程项目地质勘探和基坑支护工作，有利于保障土建工程项目建设质量。在土建工程项目建设中，基坑工程是其中重要组成部分，必须予以高度重视，不容忽视，地下基础施工并不是简单的工作，具有一定的可变性，为维护土建工程建设项目的安全性，应当做好基坑支护设计工作。

一、土建工程项目概况

本节土建工程项目案例具体情况如下：总用地面积约为 7 000 m²，建筑占地面积约为 3 000 m²，地上总建筑面积约为 46 000 m²，地下总建筑面积约为 10 000 m²，办公楼的高度为 100 m，设有营业厅。设两层地下室，基础埋深为地下 8 m。

此土建工程位于四川省成都市，所在项目的地形平坦，原始地貌的最大相对高差约 1 m。拥有丰富的地下水源，主要类型有两种，一种是上层滞水，另一种是潜水。地层分布有一定的复杂性，在施工之前需要做好地质勘探工作。

二、土建工程项目地质勘探相关情况

（一）地质勘探设计目标任务

土建工程项目地质勘探工作的目标任务如下：第一，要勘探施工所在区域的地层结构，了解地基的岩性特征，掌握其岩土的物理学性质；第二，要通过科学的勘探来准确把握其地下水位所在位置，了解水的类型和水位的变化规律，查明其埋藏条件；第三，要对地基进行不良地质成因的勘探和分析，以寻找到其中的规律；第四，对勘探得出的数据进行详细分析，初步对地基施工所在地的稳定性进行分析；第五，经过勘探后要对施工场地进行级别分类，划分场地的类型，计算场地的地震动参数；第六，根据勘探情况提出初步设计的岩土力学参数，分析地基承载力及其变形参数；第七，勘探后要对岩土工程进行综合评价，为基坑支护设计提供重要数据。

（二）地质勘探任务

针对本节土建工程项目，实施地质勘探工作，其任务如下：第一，勘探范围。本工程需要开挖基坑的初步深度在 8 m，因此在进行地质勘探的时候，结合到周围的建筑环境，除在建筑场地内进行勘探外，基坑外的勘探范围不宜小于基坑深度的一倍，当需要采用锚杆时，不宜小于基坑深度的二倍。第二，勘探点布置。一般来说，面对较为复杂的场地时，勘探点间隔距离保持在 15 ~ 20 m。

（三）孔深设计

在设计孔深的时候，要满足一定的要求，钻孔深度应当大于地基变形计算深度。本工程孔深的设计如下：办公楼的孔深设计为 35 m，营业厅的孔深设计为 25 m，地下室的孔深设计为 20 m。

（四）地质勘探设备

在实施地质勘探工作之前，应当做好准备，根据实际勘探工作量来制订科学的工期计划，准备好施工设备。本工程项目的地质勘探计划工期为野外工作 6 d，室内资料整理 7 d。需要用到的机械设备有野外钻机设备主要为全站仪、SH-30 型冲击钻机、XY-100 型回旋钻机、标贯器、动力触探器和取土器；室内试验设备主要为光电液限仪、干燥箱、数字自动仪和三联中压、高压固结仪等。

三、土建工程项目基坑支护设计

（一）选择基坑支护方法

目前，在土建工程项目中，基坑支护方法主要有以下几种：

第一种是水泥土重力式围护结构。这种基坑支护方法在实际应用中比较常见，主要是利用深层搅拌法，或是高压喷射注浆法来实施，若是为了降低此种支护方式的施工成本，那么可以采用格构体系。主要是在基坑周围用水泥土、天然土形成的挡墙来对土体进行围护，以提高基坑的稳定性。

第二种悬臂式围护结构。这种基坑支护方法是利用钢筋混凝土桩、桩墙、钢板桩等来构成围护结构。采用的方法主要为钻孔浇筑、击入锤击等方式。此种结构原理在于利用较深的入土深度和抗弯能力，来保障基坑的稳定性。在应用悬臂式围护结构的时候，应当了解悬臂结构承受弯矩、水平方向位移分别与开挖不同深度工况的函数关系，要根据实际需求合理控制开挖深度，避免悬臂结构发生变形，防止其对相邻建筑产生不良影响。一般应用于拥有较好土质、开挖深度较浅的基坑工程中。

第三种是拉锚式围护结构。这种基坑支护方法在结构上分为两个部分，一部分是竖直围护结构，另一部分是锚固结构，锚固结构分为锚索式和锚杆式。一般应用于开挖深度较深的基坑工程中。

第四种是内撑式围护结构。这种基坑支护设计由围护结构和内支撑共同构成。围护结构部分与拉锚式围护结构相同，内撑部分则有两种形式，一种是水平支撑，另一种是竖向斜支撑，主要有钢管或钢筋混凝土两种支撑方式。前者的优势在于工期短、可回收，而后者的优势则表现为刚度大，并且不会发生较大的变形。一般应用于超深基坑工程中。

（二）基坑支护设计原则

大多数基坑工程，都位于城市的交通要塞上，因此在挖坑的时候，一定要对工程周边的建筑物进行相应的保护，做好地质勘探，结合施工现场情况和建筑设计需求，来合理把控基坑的开挖深度，把控好基坑边坡的稳定性。在设计基坑支护的时候，应当遵循以下原则：一是基坑支护的设计要考虑到工程的使用寿命，一般都是临时性支护；二是将安全性放在首位，在技术水平允许的情况下，尽可能地降低工程施工成本，提高施工效率；三是在进行基坑支护设计，实施基坑降水的时候，要进行动态化设计，考虑到基坑降水的实际状况，并据此来进行相应的调整和优化；四是在设计基坑支护的时候，要兼顾机械设备施工、车辆运行等对周围建筑的影响，尽量避免基坑支护施工造成负面危害。在挖坑之前一定要先进行地基勘探，了解基坑周围的情况，做好监测工作。

在土建工程项目建设中，实施地质勘探工作十分必要，勘探的过程中应当从多方面进行考虑，对土建工程项目的场地进行综合性评价，包含地形、地质、场地类别、抗震性、地下水等各方面内容。可通过地质勘探得出的结论，结合土建工程项目建设实际情况和施工图纸，来设计合理的基坑支护方案。土建工程项目建设中的地质勘探和基坑支护设计工作的高质量保障，有助于维护土建工程项目建设的安全性，推动土建工程事业的可持续发展。

第十节 地质勘探和深部地质的钻探找矿技术

在 20 世纪 50 年代之前，我国是没有油田的，直到大庆油田的发现。大庆油田的发现并不是偶然，而是得益于我们地质勘探和深部地质钻探找矿技术的进步与创新，得益于我国工人的不懈坚持与努力。随着社会经济的高速发展、人民日益增长的物质文化需要，我国对能源的需求和可用土地等多方面的需求也在不断增加。在国务院"关于加强地质工作的决定"的巨大影响下，该技术展速度加快，工作量增长迅速。本节介绍地质勘探的种类、勘探方向以及各种钻探找矿技术等。

能源是人类文明的先决条件，人们的一切生活都离不开能源，从衣食住行到文化娱乐，均以能源为基础。地质勘探在能源的发现中起着不可替代的作用。同样，地质勘探有利于发现新的居住地和耕种地，缓解住房紧张的问题。钻探找矿技术会让我们发现更多的可利用和新型污染小的能源，缓解能源使用紧张和污染大的问题，该技术的发现与创新将造福全人类。对我国而言，也会促进我国的和谐发展、长久发展，承担国际大国的能力也会增强，有利于我国综合国力的增强和国际地位的提高。

一、地质勘探的种类

（一）区域地质调查

在一定的范围区域内，运用现代科学理论和技术方法，按照一定的比例尺进行区域地质调查、找矿和综合研究。对该区域的土地有充分的了解，阐明区域内岩层、地层、构造、水文、地貌，以便于以后的工作。该工作的进行，给地区经济建设和土地规划提供了重要的科学理论。若没有这项技术，我们对地区的开发将是一个难题。

（二）海洋地质调查

此项技术主要是调查海洋沉积、海洋地貌和海底构造。以前，人们对"海底世界"了解不多，也不懂得如何开发海底的能源，如今随着时代发展，探究海底的各项技术和设备应运而生。起初人类发明了一些简单的潜水工具，依靠这些工具，人们才得以进入海洋，如今，最先进的潜水器能够把人类带到一万米深的海洋，唯一的缺点就是时间不够长，但这已经是人类飞跃的进步了。我国自主设计、自主集成研制的首台潜水器蛟龙号，设计最大下潜深度 7000 m 级，是第五个掌握深潜技术的国家，标志着中国海底载人科学研究和资源勘探能力已达到国际领先水平。

（三）地热地质调查

所谓地热地质调查就是根据各种文献、资料、技术、调查来锁定有前景的地热区，并进一步确定勘探靶区。看似简单的步骤意义却不简单，锁定靶区才能进一步勘探、进一步开发能源。只有锁定了地区，才能制订开采方案，进行以后的工作。

（四）地震地质调查

其主要目的是研究地震的地质成因、地质条件和地质标志，对未来的地震危险区和地震强度做出预测，提醒人们提前搬出危险区，最大限度地减小人员伤亡和财产损失，而这些都将依赖于此项技术的成熟。

（五）环境地质调查

随着现代工艺的发展，我们周围的环境也变得越来越差，自然灾害也在频繁发生，比如泥石流、滑坡、地面沉降等。"环境地质"一词最早出现在 20 世纪 60 年代末的《环境辞典》中，是一门主要研究人类技术及经济活动与地质环境相互作用、影响的学科。不得不承认的是，以前我们只顾发展而忽略了保护环境，对自然环境造成极大破坏。需要特别注意的是，地质环境与环境地质有着完全不同的含义和性质，不能将两者混淆。

二、地质勘探的方向

如今，我国已经成为世界上最大的矿产品生产国、消费国和贸易国，在全球矿业发展中起着举足轻重的作用。在当今社会的形势下，传统的矿业发展模式已经不能持续，那么，这无疑给我们的地质勘探工作带来了挑战。但从另一个方面来说，这也是一个机遇，我国已经不能采用以前的传统方式来进行简单的勘探，而是要发现具有新特点、新功能的科学技术。我国加大了改革力度，比如矿业领域的简政放权、放管结合等。在地质工作结构方面特别是产业结构发生了深刻变化，正在向着绿色发展、循环发展、低碳发展方面转型。

三、深部地质钻探找矿技术

（一）现状分析

随着全球社会经济的发展，对于矿产资源的需求量日益增加，而地球内部的资源却日益枯竭，我们需要向地球更深层的地方勘探找矿，这对于我国钻探找矿技术提出了新的要求。然而，当前我国地质钻探找矿设备发展较慢，缺少与新技术、新工艺相匹配的先进设备。

（二）设备种类

（1）机械传动和液压控制立轴式岩心钻机：该设备结构简单、易操作、维修方便、成本低廉、可靠实用，非常适合我国的国情。

（2）金刚石钻进：我国在 1963 年研制成表镶天然金刚石钻头，此外，我国也开始制造人造金刚石钻头，此设备一投入生产，便迅速发展起来。相比之下，金刚石钻进比其他钻进有许多优点——钻进效率高、钻探质量好、孔内错误少、原材料消耗少、成本低并且应用范围广。

（3）钻机：它是一套比较复杂的机器，由机器、机组和机构组成，又称钻探机。它的主要作用是钻碎孔底岩石，可用于钻取岩心、矿心、岩屑、气态样、液态样等。

（三）钻探找矿技术种类及应用

（1）X 荧光技术：主要利用射线获取数据，操作简便灵活，可以展示矿体具体位置，可反映地质构造，显示矿体边界特征与矿体厚度。

（2）反循环连续取样钻探：以压缩空气为介质，借助钻杆冲击作用粉碎岩石，获取地质资料。该技术虽然工作效率高，但是成本较高，推广难度大，不是很适合我国国情。

（3）金刚石绳索取芯技术：由于金刚石硬度高、强度大，所以用金刚石做钻头，这样就可以满足钻探深度的要求。此技术便于掌握，有力地促进了勘探工作的开展。

（4）高精度受控定向钻探与岩心定向技术：该技术的应用要事先确定好钻探轨道。如果不是事先确定好的话，可能会遇到斜坡或者陡壁，钻孔难度系数将大大增加，并且很难找到矿产基地，同时也有可能会发生事故，造成人员损伤。所以，必须确定钻孔位置，减少施工程序和钻探量。

（5）遥感技术、GPS感应技术：利用此技术可以快速高效地完成对地形、地貌、当地环境的了解，进而确定矿产位置及资源数。此技术大大减少了人力劳动，加快了工作进度。

四、推进地质勘探和深部钻探找矿技术应用的措施

（一）加强对钻探找矿技术的认识

对相关人员进行培训，让相关工作人员对工作的进度有总体的认识和感知，并且了解下一步将要做什么，该怎么做。如果每个工作人员都对自己的工作有深刻了解，工作过程中少犯错，或者不犯错，甚至提出新的高效的方式方法，这在无形中就提高了工作的速度和质量，工作人员本身也会得到完成工作的成就感与自豪感，并且会更加积极地工作。

（二）积极引进人才、加强人才培训

历史上刘邦虽然没有项羽能力强、才能出众、做人有一股霸气，但是，项羽有一项比不上刘邦，那就是在引进人才方面。刘邦慧眼识人才，拉拢了不少天下能人贤士，这就是他可以成功的原因。在近代、现代，积极引进人才在一项工作中仍然有着决定性作用。我们要尊重人才，信任他们，给他们发展的空间，鼓励他们进行创新，这样我们才可以成立高质量的团队，建立一流团体，为国家尽力。

（三）做好安全保护措施

钻探找矿设备是很珍贵的，要定期进行保养和维修。同样，要了解它们的工作能力。它们工作久了，就会出现故障，而导致事故的发生。特别是在工作之前要检查一遍，避免出现事故，造成人员伤亡，耽误工程进度。要坚持以人为本的理念，在人员安全的基础上进行工作。

（四）选择合理的勘探方式

在对一个地区进行勘探之前，要进行走访、调查。或许我们的数据并没有那么准确，

当地居民的经验可能更加有用。了解当地的民土风情和宗教信仰，综合多种因素，采取行之有效的勘探方式方法。

总的来说，随着我国经济社会的发展，我国对能源需求越来越高，那么对地质勘探和深部地质勘探找矿技术的要求也越来越高。传统的方式已经不再适用现代化的社会，我们必须改革创新，才能紧跟世界的步伐，稳定我国世界大国的地位。

第四章 探矿技术的理论研究

第一节 野外探矿技术

数字技术正应用于社会生活的方方面面。在地质领域，野外探矿技术的数字化给地质勘探行业带来了巨大变化。其中，野外探矿技术方法是我们需要重点研究的内容，因为它关系着野外探矿技术的质量。本节将结合野外探矿技术的方法，对野外探矿技术进行深入探讨。

一、野外探矿技术方法

（一）探矿技术方法

探矿技术方法指的是人员在进行野外作业时，运用的一系列寻找矿产资源的手段和方法。运用探矿技术方法的最终目的是找到矿产资源的信息，通过此信息进行矿化评价，经过分析和总结找到矿产资源。矿产技术方法种类繁多，按照类型可以分为地球化学找矿法、遥感技术找矿法、工程找矿法和地质找矿法。各种技术方法需要结合不同的地质状况和地形特征加以运用，在运用完一定的技术方法后，需要收集、采取一定的矿产资源信息，反复验证，得出最终结果。采用正确的技术方法可以大大提高矿产资源发现的概率。

（二）地质找矿方法

在地质找矿方法中，按照类型又可分为地质填图法、砾石找矿法等。地质填图法是一种立足于整体勘探找矿的方法，需要相关人员在找矿之前深入学习了解有关地质方面的理论和知识，在找矿时进行全面综合性的查找和分析，清楚地了解矿产区域的岩石构造与地形结构等，根据地形特征判断矿产资源的分布状况。地质填图法是将当地的地形特征画在图纸上，图纸需要具有一定比例，而不是随意大小。本方法的优点为系统性和全面性，所以在地质勘探中使用广泛。也就是说，在运用所有的找矿方法之前，都需要进行地质填图，因为通过此项步骤可以清晰全面地了解矿产资源分布状况。地质填图法工作的完成直接关系到野外探矿技术的质量。但在现阶段，由于科学技术在我国的发展程度有限，所以填图工作存在一定弊端，在一些地质特征还未完全搞清楚之前，就开始地质填图，使找矿工作无章可依，存在安全隐患。也有地质填图法运用得比较好的一些例子，取得了一系列成果。随着科学技术的发展和信息化时代的到来，地质填图法在发展形式上有很大改进，改变了传统的以人为主的填图方式，发展成为运用计算机网络技术和遥感技术网上成图的方法，图形也由平面图变为三维立体图，图像处理技术可谓是更科学、高效。

（三）砾石找矿法

砾石找矿法主要是运用地质状况与地形结构，利用受外部影响被风化的砾石。这些砾石通常受到重力、流水的侵蚀作用，分布的范围较广，甚至大于矿床。在寻找的过程中可以沿着山坡、冰川等进行追踪，进而寻找到矿床。此种方法开始的时间较早，运用的时间较长、易操作，特别适用于在一些具有危险的地区找寻矿产，如一些高山悬崖、森林等。砾石找矿法按程度也可分为两种：河流碎屑法和冰川漂流法。都与水流相关，前一种方法运用得更为普遍。

（四）重砂找矿法

重砂找矿法，顾名思义，就是以矿石中的重砂为查找对象。重砂指的是疏散物质中的自然堆积物，需要找寻的是原生矿与砂矿。当然，在不同的地质状况中，重砂会呈现出不同的态势，甚至在一些区域会出现异常情况，所以这需要进行仔细对比，方可得出结论。正确的方法应该是先考虑重砂所在区域的盆地形态特征及地形特征。重砂找矿法需要对沿线沉积物进行系统取样，尤其是在经过河流、湖泊、山川等地时，会遇到一些沉积物，如河水沉积物、风积物等，在取样之后，人员需要拿到室内进行有效分析，经过一系列取证对比后，得出结论。在此过程中，需要仔细结合当地的地质地形特征及重砂矿物的分布特征来找出重砂异常的区域，通过这些区域找到原生矿床。此种方法同样经过比较长的历史发展，在古代用此方法寻找沙金，由于简便易行，所以到目前为止仍在使用。但是重砂法的使用有其局限性，它主要用于性质比较稳定的固体矿产资源，如辰砂、锡石、钛砂、绿柱石、独居石，以及一些稀有矿产如金刚石、磷灰石、刚玉等。在找矿方法中，一般不单独使用重砂法，而是与多种方法结合使用，如和地质填图法、遥感等方法一起使用。

二、野外探矿技术数字化

（一）野外探矿技术数字化

野外探矿技术的数字化离不开人工智能的发展，更离不开科学技术的进步。野外探矿技术就是要借助科学手段的力量，不断地向前发展。在采集整理数据的基础上，需要对所有数据进行筛选、重组与运算，这一系列的步骤虽然人工也能完成，但是相比之下，人工智能技术能更好地建立起包括知识库、采集库、方法库与逻辑库等更科学的数字化体系，利用该体系分析整理，再对这些数据进行识别、决策，最后进行推理，这些工作是人工在短时间内不能完成的。在知识系统建立起之后，人类只需进行远程操控，或者利用机器人完成全部工作，实现探矿技术的真正数字化。

（二）野外探矿技术的数字化在探矿中的应用

野外探矿技术的数字化在探矿中的应用，就是把一些抽象化的概念应用于实际，尤其是将一些数据信息与实际地质情况相结合，将定性的研究转化为定量的分析。这样可以加强探矿技术的精准化和科学化。传统上将地质岩石构造划分为三个级别，分别是软、中硬和硬，并且划分的标准也是参照一些形态上和文字上的表述，缺乏数量的分析。现在随着数字化的应用，探矿专业人员能够准确地把岩石构造划分为更多部分，并且更加准确与细致。这些划分结果都用数字来表示，从小到大，把所要探测的岩石——排列，帮助人们更好地识别岩石。通过计算机完成采集与过滤数据工作，完成野外探矿技术数字化。另外，野外探矿的数字化除了人员操作以外，还需要大量地用到计算机，在此过程中，如果将探测到的信息直接输入计算机，它将难以识别，所以需要提前将这些信息整理成计算机能识别的数字信息，输入计算机，才能完成统计工作，这也是探矿技术实现数字化的过程。比如在野外操作时，会遇到一些难以用数字表达的危险事故，如井涌、井喷等，需要专业人员先用数字语言表述，再转化为计算机中的二进制，使之能准确分析危险事故发生的原因，从而找到解决措施。由于野外探矿技术属于室外操作技术，所以受环境因素影响大，当遇到一些无法探测的环境时，可以采用数字化技术帮助人们完成不可能完成的任务，比如探测地点为高山峡谷、深海等人类难以到达的地方，只要利用无人探测机或者机器人来帮助完成探矿工作，专业人员在远方就可采集到本来无法采集到的数据。

三、野外探矿技术探讨

随着科学技术的发展及信息化时代的到来，在野外探矿技术中应用数字化技术将有助于地质勘探工作的革新。但在现阶段，由于技术上的不足，我国在地质领域中推广数字化技术还无法在短期内实现，完成野外探矿技术数字化的工作，不仅需要探测人员的努力，还需要社会各界及政府部门的支持。

（一）政府予以重视

政府所能给予野外探矿工作的支持大多数为资金上的帮助，或者是为探矿工作建立一个良好的平台。在这个平台上，政府应多鼓励优秀人才和先进技术的引进，在探矿数据采集的背后建立一个大型钻研数据库平台。这个平台能保证探测人员收集到准确可靠的数据资料。在资金上，政府应该投入一部分资金用于支持企业购进先进的机械设备，另一部分资金用于采取应急措施，并制定相应的法律和规章以规范野外探矿技术。

（二）单位应加强人员培训

除了国家予以重视以外，施工单位也要重视起来，不仅在人才任用上要把好关，在人员工作期间也要注意加强培训。应定期组织人员学习，学习内容不仅包括数字化专业技能知识，还应包括安全教育，使技术人员对数字化技术有更深的了解，同时树立起安全意识。单位科研部门可以随时关注国内外的科技动态，引进先进产品，并结合自身实际，研发出适合本单位的数字化产品，以提高探矿人员对数字化技术的应用能力。

总之，野外探矿技术涉及一系列复杂的工作，我们要在掌握现代科学技术的基础上，把它和数字化技术有效结合起来，在实事求是、解放思想的基础上对其进行创新，从而促进野外探矿技术的发展，推动地质探测行业的进步。

第二节　固体矿产的区域探矿技术

我国具有辽阔的土地资源，矿产资源也尤为丰富，因此我国地质勘探技术发展时间较早，并具有悠久的历史。勘探技术经过时间的沉淀积累了丰富的经验，在技术上与方法上也得到了一定的发展并趋于成熟。因此，我国很多地区的矿产勘探技术与地质勘探技术都具有一定的先进性，为我国勘探事业做出了巨大的贡献。但是，我国目前的勘探技术与发达国家相比仍然有一定的差距，因此我国勘探单位及技术人员在探索发展中不断完善勘探技术，经过长期的经验积累，结合先进的科技，总结出我国矿产的主要特点及其勘探方法，在不同的区域采取不同的勘探技术，灵活运用勘探方法，使矿产资源的勘探质量得到进一步的提高。区域探矿是涉及多个学科的综合性技术，其主要内容包括地质工程发生的事件、地质的主要成分及地质内部存在的主要的化学元素等内容，同时还包括气象学、地质学等科学性的知识。我国科技水平不断发展，先进科技的运用使我国探矿工作得到了一定的技术支持。目前钻探技术已经达到了20万千米的深度，预示着我国钻探技术上升到一定的水平。同时，随着区域探矿作业的不断发展，钻探技术不断提升，深度不断加深。

一、固体矿产的区域探矿技术思路分析

确定探矿思路对探矿目标的确定和探矿方向的定位有重要影响。确定探矿思路需要结合以往经验和教训及地质学、地理学相关知识，通过对探矿路线和具体思想的确定，为中后期探矿工作和采矿工作打下基础。技术人员的个人思想、经验及习惯的影响，造成固体矿产区域探矿思路存在差异性，相应地就会影响探矿方法和具体的探矿流程。通过分析研究，要提高探矿工作效率，首先应明确探矿思路，探矿思路也是后期具体探矿工作和采矿工作的依据。对于现在的大型矿产来说，传统探矿思路已经很难满足需求，因为传统探矿

技术主要是针对单一矿种。但是现在的大型矿产一般都有多种矿产资源，势必会受到单一矿种探矿方法的影响，造成探矿效率低下和浪费资源的问题。同样，若过细地区分探矿工作，也会造成资源浪费。由此可见，合适的探矿思路对探矿工作有重要意义。应将矿产资源实际情况和探矿工作的客观影响因素综合起来，确定合适的探矿思路。对于探矿工作人员来说，应详细分析矿产所在地的地壳活动情况，结合矿产开采单位的探测数据，统筹规划，找出矿产可能的分布情况以及矿床来源等信息，这些信息也是具体探矿工作的依据。

二、固体矿产的区域探矿注意要点

通过结合地质学、地理学以及对矿产资源的勘探和分析，获得矿产的具体信息，综合这些信息和数据，预测矿产的大致分布情况，这就是探矿技术方法的主要内容。目前，我国的探矿技术已经趋于成熟，能够利用先进的遥感技术进行探矿，并开发了多种探矿方法。经过广泛的实践应用已经为我国矿产事业做出了巨大的贡献，在产业方面已经逐渐形成了较大的规模，成为我国重要的产业。我国地形复杂，探矿工作也尤为困难，因此，要使探矿工作能够高效进行，必须根据矿区地质的实际情况进行分析，并具有针对性地进行探矿工作。应结合当地的工业发展状况、工业结构情况和自然环境，进行有步骤、针对性较强的固体矿产区域探矿工作。吸取发达国家的经验和先进技术，加强对探矿技术人员的培训，引进先进机械设备，提高技术人员的知识水平和综合素质水平。矿山结构和地质环境不尽相同，所以探矿技术方法也应"因地制宜"，减少探矿工作中出现的问题，提高效率、降低成本。

三、固体矿产的区域探矿技术分析

我国矿产资源实际情况因地区不同而有所差异，也缺乏一定的集中性。相对于地质条件较差的区域矿产资源，地质较好的区域矿产资源开采深度能够达到 500 米左右，相对较深。我国的区域探矿技术和设备仍然较为落后，造成开采速率较低等问题。虽然我国的探矿技术发展时间很长，但是探矿仍然集中在浅表探矿，深部探矿存在难以克服的困难。我国应重点发展地震勘探、航空物探等先进探矿技术，保证探矿工作的高效率和高准确度。

（一）电勘探探矿技术

调查区域性矿产资源以及查找山区矿产资源可以运用电勘探探矿技术。通过运用激电法和被动源电磁法等先进技术，进行多参数、多功能、准确度高的固体矿产电性测量，获得相关资料和信息。这种方法不受时间和地区的限制，将不同种类的信息同步，有效保证了区域探矿工作的准确度和高效性。

（二）航空物探探矿技术

航空物探探矿技术主要是将 GPS 技术、遥感技术以及其他技术综合运用，以 3S 技术为核心，对沙漠、海洋和山区等进行矿产勘探，通过航空物探技术，能够快速准确地获得矿产资源所在地形资料和地质情况资料。运用这些资料，能够保证探矿工作的高效率和高准确度。

（三）物探智能化多参数互约束解释系统

为提高探矿工作中解决地质问题的能力，需要综合运用多种探矿技术，结合矿产资源实际情况运用智能化、计算机技术和自动化技术等。运用物探智能化多参数互约束解释系统，需要反复演练工程中的实行单参数，综合运用联合反演、互约束反演等技术系统，实现可视化、动态化管理矿产资源信息。

（四）地震勘探技术的运用

若地质条件较为复杂，可以采用完善的地质勘探技术，详细地探测矿区目标的深浅程度，分析多种地震波。如果矿产区域地质条件复杂或者是金属矿区，可以采用地震勘探技术，物理和数学模拟分析地震波，以此提高探矿准确度和效率。

（五）化探探矿技术

地质测试中化探分析是其重要的一部分，其中地质测试是影响地质探矿的重要原因，因此，化探分析对地质探矿尤为重要。其探矿过程中使用的重要技术及设备是先进的测试技术及仪器，包括电感耦合、石墨炉原子吸收等先进仪器，再运用化探技术进行分析，从而进行探矿工作。

总而言之，对固体矿产区进行具体的分析及测试，能够及时发现存在矿产资源的地区，并利用探矿技术及仪器进行矿产资源的开发与利用。本节主要分析了固体矿产区探矿的现状，并针对测试技术及仪器进行了具体的分析，分析了在探矿过程中应该注意的探矿要点。同时研究了先进的探矿技术及其应用的主要特点，为我国固体矿产的开发与利用提供了基础数据参考。

第三节　矿山地质探矿工程技术

矿产资源的开发与我国经济发展有着密切的联系，当今经济以及科技发展迅速，而经济发展的重要物质基础之一就是矿产资源，矿产资源的合理开发有赖于科学技术手段。深层的矿产资源目前数量还较为丰富，但是开采起来难度较大，需要技术含量较高的手段来满足开采需要。

矿山地质探矿工程是复杂且具有高危险性的工程。随着时代的发展，人们越来越注重矿山地质探矿工程的安全性，但是目前的矿产资源越来越集中于深层，这无疑给原本危险性就高的矿山地质探矿工程又增添了安全隐患。矿山地质探矿工程也得到了一定的发展，但是逐渐暴露出一些致命性问题。本节将从矿山地质探矿工程技术现状出发，深入分析探矿工程技术要点。

一、探矿工程技术的选择

探矿工程选择的方式对之后的工作效率以及工程质量都有很大的影响，为此，在前期就要结合矿产分布的实际情况，选择科学合理的探矿工程方式。一般来说，根据矿质的类型和分布，来进行单一技术或者多种技术结合的探矿工程方式。

1. 矿山企业根据所设定的任务，一般在初期多选择物探、井探以及槽探等探矿工程。在全面勘探时期，单一的技术不能满足其需求，一般都是多种技术结合来进行矿山地质探矿工程。通常来说，主要对象为坑探以及钻探，配合对象一般选择为物探以及其他的工作。

2. 探矿工程技术的选择还要依据矿山地质条件。矿体、矿床等都是重要的参考依据。如果矿体结构比较简单、分布均匀、没有矿体的缺失和错段现象、矿体规模较大，可以通过钻孔探矿的方式来确定地质矿体。但是如果矿体的形态比较复杂，且规模化不大，那么单一的技术无法准确地确定地质矿体，需要采用多种技术结合的方式进行，一般来说可以选择坑探与钻探结合的方式。

二、我国矿山地质探矿工程现状分析

我国矿山地质探矿工程的发展在较短时间内得到提升，但是与国外发达国家相比，在其具体实践中还存在很多的问题，制约着这个行业的健康发展。目前矿山地质探矿工程的问题主要集中在四个方面：一是探矿方式选择不合理；二是探矿位置选取失误；三是施工企业缺乏施工前的实地考察；四是技术手段落后。

（1）探矿方式选择不合理。探矿方式的选择如果不合理极易发生安全事故，制约整个工程的推进过程。矿山地质探矿方式多样化，这种多样化使相关施工人员在具体选择上需要下功夫，根据工程的实际情况选择合适的探矿方式。常见的矿山地质探矿方式有井探、槽探、坑探以及钻探。这些方式各有优点，也分别适用于不同的矿产对象。但是有的施工团队在施工的过程中过于主观和片面，往往只是根据以往的工作经验来选择探矿方式，根本没有考虑到所选择的方式与实际是不是相符合。在进行探矿方式选择时一定要进行一定的考察工作，在科学依据的基础上进行探矿方式的选择，避免主观因素带来的选择失误。

（2）探矿位置选取失误。我国矿场有大型的，也有小型的。对于小型矿场来说，其矿产分布的范围较小，种类和数量也远远不如大型矿场矿产资源那般丰富。所以在对探矿位置进行选择时，尤其是对小型矿场的探矿位置进行选择时，必须谨慎选择。如果因为某些因素而出现位置选择的失误，那么其后果也是十分严重的。不仅仅会带来财产的损失，严重时也会对相关人员的生命安全造成威胁。

（3）施工企业缺乏施工前的实地考察。并不是所有矿山的地貌都是一样的，正如"世界上没有相同的两片叶子"般，世界上也没有相同的两处矿山。所以对一处矿山开矿的方式不能直接搬到另一处矿山的开矿工程中去。基于这种情况，相关人员在进行矿山开矿任务时，都要在前期进行一个实地勘探，确定该地区的地形地貌、植物动物分布等一些基本的情况。通过实地勘探，做好十足的准备工作，以避免后期意外的发生。

（4）技术手段方面的落后。由于矿质资源分布情况的改变，浅层或者说表面的矿产资源已经基本被开采完了，剩余的矿产资源大多分布在深处，对深处矿产资源的开发需要依靠更高技术含量的手段，这样才能保证开矿工程的质量和效率，同时也能保证相关人员的安全。

三、矿山地质探矿工程技术要点分析

矿山地质探矿工程技术是复杂的技术，在技术的应用方面要牢牢掌握技术要点，这样才能正确运用技术来进行矿产资源的开发。

（一）探测民窟时的技术要点

在实际开矿过程中，常常会遇到一些不完整的矿山地区。这些矿山地区不完整的地方在于其被一些居民挖掘过，这种不完整性也随着带来了一些安全问题，因此在对这种类型的矿山进行开矿工程时要从以下几个方面进行注意：①确保空气的安全性。民窟内的气体成分是否安全，是否需要自带氧气管，民窟内的气体成分是不是包含有毒气体，能否满足人们的呼吸需求。同时空气的湿度，也就是空气所包含的水分是不是在人们的承受范围之内，这些都要提前通过检查来确保。②做好防护措施。首先进入民窟的工作人员都要佩戴一定的安全防护设备，在人数方面也要有控制，一般都是两名以上。在探测的过程中为了实现团队合作，人与人之间的距离要控制得当，不能太近。另外，民窟内可能会出现一些有毒的生物或者有攻击性的猛兽。这些情况在进入之前都要考虑到，在民窟内的动作幅度不要太大，缓慢前进，避免出现意外事故。

（二）了解探矿区域的地质情况

在探矿的过程中需要对相关的地质、地貌做一个充分的了解，了解开采矿场的规格和大小。施工单位要通过一系列的勘探，掌握相关矿山的形态、大小、骨骼以及数量等系列数据。依靠这些数据才能科学选择探矿的方式。

（三）矿山地质槽探工程施工技术要点

槽探作为一种常见的施工方式，在矿山地质探矿中具有十分重要的地位。第一，槽的选用并不是随心所欲的，而是需要在一定的宽度和深度的限制范围内。此外，两边的坡度也与探槽的长度有着密切的关系。第二，保证槽壁的平衡与平整。第三，面对较为陡峭的区域，上槽与下槽的工作要进行合适的调整。第四，施工人员不可以在探槽内休息，在工作时必须保持清醒的头脑。第五，人工进行挖掘深槽，不能对底部进行探槽的挖掘，容易出现危险事故。

（四）矿山地质坑探工程施工技术要点

首先要选择合适的矿进口，既要满足地质要求，又要满足安全性。另外，保证坑的形状、大小符合设计的要求与规范。

传统的矿山地质探矿技术已经不能够满足时代发展的要求。新时代背景下，探矿技术需要进一步发展，在注入更多的技术含量的前提下，做好质量性、安全性、效率性的把关工作。矿产资源的开发是经济发展的动力，同时也要做好生态环境的保护工作。

第四节 深部探矿钻探特点及技术

随着社会不断进步，大量的资源被消耗，造成了资源紧缺。矿产资源的需求量不断增加，就有必要进行深部开发矿产资源，使对矿资源的需求得到满足。本节针对深部探矿钻探特点及技术要点展开研究。

中国地域广阔，拥有丰富的矿产资源。当前发现的矿产资源中，超过60%是分布在地下的，这就需要探矿钻探技术。由于中国的地质探矿发展比较晚，钻探技术水平不是很高，平均探矿深度在300米至500米，导致了中国的深部探矿与国际上存在一定的差距，不利于中国深部探矿工作的进一步发展。因此，相关的技术研究人员就要对钻探技术进一步研究，特别是深部钻探技术。

一、深部探矿钻探具备的特点

与浅部探矿和露天探矿相比较，深部探矿主要是用于深部地壳的探矿。地质探矿人员在深井中使用钻探技术进行地层探矿。深部探矿钻探主要有以下特点。

（1）在钻探的过程中会遇到各种类型的地层。需要在进行深部探矿之前做好各项准备工作，先钻浅地层，之后逐渐深入。在钻探的过程中，要考虑到地层的类型，这些地层都是年代久远、经历不断的变化形成的，都是古老的地层。比如，济宁铁矿在深部探矿钻探的过程中，就遇到马家沟组灰岩、长庆组灰岩、九龙组灰岩、白云岩以及绢云母硅质千枚岩等不同类型的岩层。钻井的时候就需要大直径的钻孔来解决井壁坍塌的问题。

（2）地层复杂。深部探矿钻探的过程中，必然受到地质构造的影响，特别是在勘探金属矿产的时候，地层类型的多样以及各种地质因素会导致探矿结果不准确。比如，对各种矿石，包括铁矿石、银矿石、金矿石、铜矿石等进行对比，由于矿层底部存在复杂的地质环境，构造不断地运动，断裂带不断地发育，就会出现地层不稳定的现象。在一些地层中还含有水，也是重要的不稳定因素。地层中的泥浆、岩石都会导致地层的不稳定，呈现出弱磨性的滑动，或者渗入到层中，由于钻探的时间要相对较长一些，就会导致孔壁失去稳定性。地层暴露后，随着钻探时间的延长，地层也必然会受到钻探的影响产生变化。当钻探的过程中遇到硬滑地层的时候，就会损坏钻头，钻井效率必然受到影响。

（3）钻孔倾斜预防困难。在进行深部探矿钻探的时候，很容易遇到叶理发育或层理发育较好的地层。岩石本身的各向异性会在钻探的过程中造成倾斜预防困难的现象，当出现钻孔倾斜的时候，很难解决。对钻井技术予以优化，不仅可以提高深部探矿钻井质量，还能保证进度。

二、深部探矿钻探技术的要点

针对上述关于深部探矿钻探特点的分析，可以明确在深部探矿钻探的过程中会出现一些常见的现象，就需要在技术上做出相应的调整，保证技术操作到位，提高钻探质量。本研究的技术要点主要包括三个方面，即复杂地层钻探技术要点、断层泥孔段钻探技术要点和定向钻探技术要点。具体如下：

（一）深部探矿钻探中关于复杂地层的钻探技术要点

由河流作用、矿物岩石、风化作用等形成的复杂地层，岩石本身是一种弱固结地层，其中岩石颗粒的键值是相对比较低的。该类型地层对于钻具的使用要具有选择性，以保证探矿钻探工作顺利展开，且获得事半功倍的效果。当进入钻井作业环节时，就要对钻井的速度合理控制，对钻井所在位置准确把握，对影响因素合理控制，避免对钻探工作产生负面作用，使孔壁出现跌落的现象或者断裂的现象。钻探中所使用的冲洗液的黏度可以提高岩石颗粒的低黏附性，对孔壁上出现的岩石颗粒进行处理，使其增加与岩石之间的结合度。泥浆泵在运行的过程中要控制好，以避免导致井壁坍塌或者井壁损坏的问题。因此，有必要做好失水控制工作。比如，在处理泥页岩地层的过程中，需要将失水控制在8毫升至10毫升，以减少泥页岩地层下降的问题，避免产生塌陷的现象或者渗漏现象。在施工的过程中使用高盐钻井液，主要的目的是减小溶蚀作用，避免地层盐岩对钻孔直径产生影响。

当探矿钻探的过程中遇到破碎程度较高的地层的时候，就需要采取一定的堵漏措施，采用灌注活性物质或者使用胶结物质，可以使地层松散或固结破碎的岩石不断凝固，不会在钻探中脱落，由此提高了岩石表面的稳定性，以在钻孔前增加岩石强度。当然，也可以使用泡沫泥浆钻井或者采用套管技术，用以密封破碎的岩石段，对岩石起到很好的加固作用。

（二）深部探矿钻探中关于断层泥孔段钻探技术要点

深部地层会在地质运动的影响下导致断层泥现象。在此类地层中进行钻井作业，就要对关键点予以有效控制。比如，完成裂隙区岩层的钻孔之后，通常会产生塑性流动的问题，由此出现卡钻现象或者缩颈现象。裂隙地区的岩石地层长期在高应力作用下，就会出现地层内部应力不平衡的问题。这类地层常含有蒙脱土型等黏土质，易出现吸水膨胀引起缩颈的问题。此外，挖岩石表面积比较大，而且质量很好。当碰到水的时候，它会将钻杆夹住，从而增加拉钻杆的难度。所以，在钻井的过程中，要控制好矿井内失水的问题，通常失水量为每半小时 8 毫克至 10 毫克为宜。对润滑度控制好之后，需要在泥浆中加入一定浓度的植物油，要求浓度控制在 6% 至 10%。

（三）深部探矿钻探中关于定向钻探技术要点

深部探矿中支孔的钻孔和主孔的钻孔是重要的施工环节。在钻井的过程中，要掌握定向钻井技术的要点，控制钻井力，将钻井的精度控制在半米之内。采用定向钻进技术，在卤素矿的探矿钻矿中可以获得良好的效果。在深部探矿钻井的过程中，在钻井之前要做好各项准备工作，避免降低钻井技术效率，影响钻井质量。

随着技术的不断发展，钻井技术也会不断进步。比如在钻井数据方面，在理论、钻进设计、钻进调试、钻进、测量等方面实现了精确化。钻井作业与数据分析同步进行，可以提高工作效率。所以，在定向钻井技术的应用中，要将技术优势发挥出来，要做到钻杆与钻柱综合应用，使钻杆受力平衡。此外，还应注意钻杆的润滑和维护，减少摩擦和阻力，由此提高钻井效率。当钻井的深度已经达到 50 米的时候，就要测量好钻孔的角度以及其承受力的程度，之后根据测量的结果对钻井力以及钻井的角度做出调整，使钻井的难度降低。当钻井的深度超过 150 米的时候，就要适当地增加钻杆的直径以及壁厚，并选用高强度绳芯钻杆。

综上所述，我国矿产资源深部探矿与钻探技术的使用意义重大。因此，相关人员在进行深度探矿的时候，就要掌握技术要点。在钻井技术的应用中，为了提高探矿水平，需要合理应用技术。为了保证技术的应用质量和应用效率，就要对深部探矿钻探技术深入研究，提高其应用价值，对我国矿产资源的安全可靠开采起到一定的促进作用。

第五节 矿山地质探矿工程的安全技术

在整体上来说，矿产资源在我国资源体系中有着重要的作用。在矿山地质探矿工程开采过程中，有着严格的标准与要求，对探矿技术提出了全新的要求与标准。如何保障矿山地质探矿工程的安全是现阶段最为关键的内容。

矿山资源是较为重要的资源，但是在矿产资源开发与利用过程中，会对生态环境造成一定的破坏与影响，这样就会导致局部区域的地质状况受到影响，进而增加地质灾害的概率，增加安全隐患出现的概率。

一、矿山地质探矿工程的安全技术相关问题

现阶段，矿山地质探矿工程中存在的问题逐渐凸显，因为勘探造成的较为严重的地质问题，矿山资源在不断地减少，一些地区也面临着资源枯竭的问题，这样就导致环境保护与矿产资源之间的矛盾日益凸显，如果不及时处理，就会导致地质勘探中出现各种安全隐患问题。现阶段，在地质勘探中，缺乏科学合理的安全管理制度以及对应的保护工作，直接影响了矿山地质探矿工程的安全性。

（一）探矿选址缺乏科学性

现阶段，在多数的地质探矿工程中，一些部门没有构建完善的、全面的以及科学的评测标准，并没有合理地选择探矿的位置，这样就会影响探矿工程的整体安全性。因为我国南北方之间的地质差异影响，在南方多为小型的矿山，而在北方的矿山规模则相对较大，工作人员在选择探矿位置时，盲目地确定探矿位置，就会导致对原有地质条件产生影响，在一些气候、季节等因素的影响之下就会出现滑坡以及地震、泥石流等严重的地质灾害、自然灾害问题，会严重地威胁人们的生命财产安全。

同时，在选择地质探矿位置时缺乏科学性，也会影响探矿工程，严重的甚至会给工作人员带来生命威胁。

（二）安全监管工作有待提升

工作人员缺乏工作经验，相关单位没有进行统一的安全防护与管理，探矿工程没有综合地质状况以及条件，存在盲目的探矿问题，这样就会出现各种安全隐患问题。

工程单位在施工之前并没有做好准备工作，准备存在疏忽，无法保障施工的稳定开展。例如，在一些通风条件没有达到规范要求的洞口，必须根据规范要求及时关闭，如果没有基于规范合理处置就会在一定程度上威胁工作人员的生命健康。

在多数的矿山地质探矿工程中，这些问题都是较为常见的安全隐患问题，要及时处理这些问题，才可以在根本上保障工作人员的生命安全，避免因为探矿施工对环境产生的影响。

（三）探矿方式缺乏合理性

在不同的地区中，我国地质状况不同，存在一定的差异性，在确定探矿方式的时候要基于具体的状况，分析地质矿山的特殊性，这样才可以最大限度降低安全隐患的影响。

在近些年的发展中，国家财政部门为矿山地质探矿工程开展提供资金、技术支持，也

通过一些政策为工程开展奠定了基础。在多数的矿山地质探矿工程中，可以通过多样化的方式探矿施工，这样转变了单一化的探矿模式，呈现多元化探矿模式的发展趋势。

但是，在实践中一些工程单位并没有根据科学的依据合理地选择探矿模式，没有对施工区域的地质状况进行系统的分析与计算，管理模式过于粗放，这样就会出现各种安全隐患问题，严重地威胁矿山工作人员的生命安全。

二、矿山地质探矿工程的安全技术相关处理对策

为了解决在矿山地质探矿工程中的安全技术相关问题，就要综合实际状况探究完善的应对对策与手段，对此，在实践中要加强对以下几点因素的重视：

（一）合理选择探矿位置

在地质勘探工程中，要综合分析具体的地质条件、环境等因素，合理地确定探矿位置。要综合矿物质分布、采矿层信息，合理收集信息，分析埋藏地区环境因素，在地质监测中对各种因素系统分析，获得精准的信息数据，构建完善的安全体系，分析周边状况以及实际状况，系统开展，保障计算结果的精准性，再合理地确定探矿的位置。

（二）重视安全管理，合理落实

在矿山地质勘探中，要重视工作人员的人身安全，强化安全管理。加强对探矿监督、效率以及质量等因素的分析，对关键问题要重点分析，根据实际状况采取对应的安全措施与手段，进而在根本上保障人身安全。

要严格落实矿山地质探矿施工管理，构建完善的、对应的工程质量监督机制以及管理模式，加强对各个施工环节的监督管理，保障各项检测工作的全面落实。

同时，要构建完善资源信息共享、责任追究的监督管理模式，通过系统平台强化管理。相关部门必须对矿山的地质状况进行系统分析，强化探矿工程监督管理，严格落实监督与检查，制定完善的奖惩制度，提升工作人员的责任感与使命感，全面落实各项监督管理工作，在根本上保障施工人员的生命安全。

负责矿山地质探矿的单位，要制定完善的安全管理对策，保障工程施工的稳定性，提升安全性，构建完善的责任分工管理制度，细化领导责任，强化责任分工处理，在根本上提升工作人员的安全监管能力，保障各项工作全面开展。

（三）区域地质调查分析

地质调查在探矿工程中的应用较为关键，通过地质调查可以初步了解矿体富集数量、具体的形态、成因、规模以及成矿规律等因素，分析各种因素，才可以保障选址的科学性。综合各种环境因素，严格区分处理，根据现场的安全环境，合理地探究应对机制。要中和探测环境的具体状况、复杂程度、地理特征等确定探矿方式，避免探矿方式不合理造成的坍塌等问题的出现。

三、矿山地质探矿方式

对于不同的矿区，要基于地质探矿调查结果对其进行分析，工作人员在考察过程中，要对其进行系统测评，综合地质因素基础之上，以因地制宜的方式合理选择探矿方式。在探矿初期要降低安全隐患，基于矿区的具体地质条件、对应的探矿方式，综合国内外的优秀经验，科学合理地选择探矿模式。要遵守国家相关法律规范，重视开采方式以及环境保护，要合理地应用各种先进的设备，基于具体的设备操作组织开展对应的开采工作，保障各项工作系统开展。

1. 钻探工法

因为矿区的地质环境复杂，地理环境较为特殊，在探矿工程开展中，应用钻探工法必须对各种因素系统分析，保障人员的安全性。在钻井作业之前要基于规范要求平整场地、保障机械设备的性能指标，安全应用，做好安全措施与管理，避开矿区的高压塔等建筑物与设备，保障现场施工的安全性。工作人员要根据规范要求佩戴安全帽以及相关安全措施，保障整体施工的安全性。

2. 坑探工法

为了避免在矿山勘探中落下的物体对工作人员造成伤害与影响，在应用坑探工程中，要根据规范要求合理掘进施工，在坑口的四周设置挡石至少 20 cm。在坑深超过 3 m 的时候，工作人员要通过轻型的钻机以及一些浅井等设备合理应用，在整个过程中要合理应用爆破的方式，及时做好安全处理，保障施工安全。

在我国社会经济的发展过程中，矿山地质探矿中还是存在一定的安全隐患问题，受内外因素的影响，矿山探矿工程会受到各种因素的影响。对此，在实践中要具有安全管理意识，明确管理责任，加强对施工进度的控制与监督，及时发现存在的问题与不足，解决各种问题，提升矿山地质探矿工程的能力与水平，进而推动矿山地质探矿的持续发展，为我国社会经济发展奠定基础。

第六节　探矿工程技术与低碳经济

随着能源开发技术的不断进步，低碳经济和可持续发展成为当今时代的主题，也被认为是世界各国人民发展本国经济所追求的理想方式。探矿工程技术作为国民经济建设先行官的地质工作的重要组成部分，其与低碳经济密切相关。

一、低碳经济的发展趋势和特点

如今我国经济高速发展，资源和环境约束程度也大幅度提高。工业化、城市化和现代化的共同发展，使我国能源消耗越来越严重，资源也越来越短缺。为了能够降低经济发展对能源和自然资源的过度依靠，我国必须普及低碳经济意识，为经济的可持续发展提供有效的途径。

（一）低碳经济成为经济发展的新模式

低碳经济的发展模式就是在实际中运用低碳理论组织经济活动，并且将传统的经济发展模式转变为低碳型的经济发展模式，低碳型经济发展模式就是以三低三高为基础，三低主要是指低能耗、低污染和低排放，三高主要是指高效能、高效率和高效益，以低碳发展为主要发展方向，以节能减排为主要发展方式的绿色经济发展模式。

低碳发展主要是指在保证经济社会健康、快速和可持续发展的条件下最大限度减少温室气体的排放，在确保经济发展速度和质量不变的前提下，通过改善能源结构、调整产业结构、增加碳汇等措施，不仅可以减少碳排放总量，也可以在一定程度上减少碳单位排放量。因此，为了保证国家经济的可持续发展，必须以低碳发展为经济发展的方向。

节能减排主要是指为了更好地实现经济的可持续发展，而减少能源消费和增加可再生能源与清洁能源的措施。节能减排，一方面可以节约能源，另一方面可以减少温室气体排放。总之，节能减排是实现经济低碳发展和可持续发展的重要方式。

（二）低碳经济发展模式更重视节能

节能优先，提高能源利用效率是我国低碳经济发展模式的主要特点。一直以来，我国经济发展速度的不断提高是以资源的大量浪费和生态的巨大破坏为代价的。据统计，我国能源系统效率为33.3%，与国际先进水平相比低了10个百分点，而相应对环境造成严重污染的重工产业中的电力、钢铁、有色、石化、建材、化工等生产能耗比国际先进水平高40个百分点。总之我国的资源浪费程度较高，提高能源利用效率的潜能是巨大的，因此，提高能源的利用效率成为低碳经济发展的首要措施。

（三）低碳经济是一种新的产业革命

低碳经济的本质是提高效率，转变能源结构，发展低碳技术、产品和服务，在确保经济稳定持续增长的同时削减温室气体的排放量，从而达到保护生态环境的效果。低碳经济的发展，涉及经济、社会、生活等各个方面，有助于加快经济结构和产业结构的调整步伐，也有助于推动生态文明建设，可以说，发展低碳经济的意义十分深远。

二、探矿工程技术与低碳经济的联系

低碳经济的发展模式离不开技术的支持，无论是低碳发展还是节能减排都需要以技术支持为核心，为了更好地发展低碳经济，必须首先对探矿工程技术进行深度研究。

一方面应该尽量开发利用低碳洁净能源，减少二氧化碳等温室气体排放量。这就需要大力发展洁净能源并且加强洁净能源在实际中的应用，从而最大限度地替代石油、煤炭等传统的化石燃料。

另一方面应该对排放在空气中的二氧化碳进行集中封存，从而最大限度地减少空气中二氧化碳的含量。

探矿工程技术在二氧化碳的控制上起到了不可替代的作用，与低碳经济有着十分密切的关系：

（1）探矿工程通过钻探的方法，不仅找出一些煤炭、石油和天然气，还能够发现其他新型洁净能源。例如核能和地热能，新能源的开发代替传统能源为经济社会发展提供了直接的动力源泉，并且在使用过程中不会对环境造成污染。

（2）探矿工程技术不仅直接服务于低碳经济，其服务范围和应用领域也在逐步扩大。例如碳储存井的钻凿和封存、矿井瓦斯抽采、地热能的勘探开发利用等。

（3）通过技术和专家人员的不断研究和探索，探矿工程技术本身也得到了较大程度的发展，探矿工程技术水平的提高和新技术的广泛应用对资源利用效率的提高和环境保护的加强都起着重要作用。

三、探矿工程技术在能源勘探中的应用

（一）钻探工程技术在地热能中的作用

地热能是近几年新挖掘出来的可再生能源，对于地热能的运用只有地表温泉可以被直接利用，其他都需要进行大量的钻探工作。例如，重庆市的地热能源储存量和占地面积是全国面积的四分之一，已探明的经济型地热资源总量折合 1.15×10 t 标准煤。已钻凿的地热井数有 73 口，井深在 1000 ~ 3000 m。重庆市地热资源主要用于生活、温泉洗浴、房产开发、酒店及休闲娱乐等方面。

（二）钻探工程技术在干热岩热能中的作用

钻探工程技术在干热岩热能的勘探中发挥着重要作用，在开发和勘探过程中，首先通过深井将压水注入地下 2000 ~ 6000 m 的岩石中，使钻探设备渗透进入岩层缝隙并且吸收地热能量，然后为了使取出的水和气温达到 150℃ ~ 200℃，将岩石裂缝中的高温水和气提取到地面，最后通过热交换地面循环装置发电。

（三）钻探工程技术在核能开发中的应用

到目前为止，核能是我国最高效清洁能源，核能是在20世纪90年代初被发现的，发展至今已经成为可以大规模和集中利用的能源，在很多领域都可以代替煤炭、石油和天然气等能源矿产，现阶段核能在我国主要的用途是发电。核能之所以能够高效开发，主要是因为应用了铀矿的勘探开发技术，自从核能开发掌握了利用铀矿勘探开发方法后，受到了我国及全世界发达国家的高度重视。为了能够在技术日益更新的环境中适应，我国加大了这方面的投入，并加大了铀矿勘探的力度。

（四）钻探工程技术在天然气中的作用

天然气水合物的勘探与开采，需要高精尖的钻探取样技术和复杂的开采技术才能顺利实现和完成。经过多年的研究和精心准备，2008年10月18日，我国第一口陆地永久冻土带天然气水合物科学钻探孔DK-1井在海拔4200 m的青海木里地区正式开钻。该孔在钻探取样过程中，在133.5～135.5 m、142.9～147.7 m、165.3～165.5 m三个层段发现了天然气水合物。在此基础上，2009年又在同一地区实施了DK-2、DK-3及DK-4钻孔，并取得了天然气水合物样品。在钻进的过程中，采用了大直径快速取样和地温泥浆护孔技术，并取得了显著的成效。

低碳经济发展模式一直是我国经济发展追求的一种理想模式，人类社会在面临众多环境破坏和能源资源紧张的问题时，可持续发展便成了人类最为关注的主题，因此，低碳经济发展模式也将进一步被人们深度挖掘。而探矿工程技术与低碳经济有着十分密切的关系，在开发低碳洁净能源和控制二氧化碳排放量的过程中都发挥着不可替代的作用，国家也应加强对探矿工程技术的研究。

第七节　探矿工程技术和安全生产设计

本节针对探矿工程技术和安全生产技术，结合理论实践，在简要阐述地质探矿作用的基础上，分析了目前探矿中常用的工程技术，并提出安全生产设计，得出在探矿工程中选择合理探矿技术和安全生产设计是保证施工安全和探矿工程效率关键的结论，希望对相关单位有一定帮助。

大量工程实例表明，只有有效地探矿，才能更好地进行矿产资源的开采，但探矿工程的顺利开展需要与之相应的探矿技术，才能在保证探矿效率和准确性的基础上，保证人员和机械设备的安全性。但我国对此方面的研究还不够深入，因此，本节基于理论实践，对探矿工程技术和安全生产设计做了如下分析。

一、地质探矿的主要作用

地质探矿是各项矿产资源获取、开发、利用的前提条件，而只有通过地质探矿，才能准确获得地质矿产资源的具体地质条件，包括矿产资源的形态、结构、深度等，以及地质矿产资源的成因和规律，从而为地质矿产资源的开发和获取，提供真实有效的数据和信息支持，促使矿产的开采更加高效。但在实际矿业生产过程中，矿产资源的属性比较特殊，很难被轻易发现，虽然我国地质矿产资源丰富，分布范围比较广，但难以被轻易探测出来，如果在没有掌握各项具体数值的前提下，就进行盲目开采，不但会降低开采效率，而且会增加开采的成本，安全性也难以保证。因此，就需要通过地质探矿来获取该矿区真实有效的设计信息，为后期开采提供必要的参考和支持，确保后期开采工作能顺利开展。

二、目前探矿工程中常用的技术

（1）传统地质勘探技术。根据探矿技术应用原理的不同，传统地质勘探技术大体上可以分为三大类，第一类是直流电探测技术、第二类是瞬变电磁技术、第三类是地质雷达探测技术。这三类探矿技术各具特点，应用环境也不尽相同，比如，直流电探测技术，是以不同介质的导电性差异原理，通过地质岩石和矿石中电阻率的不同，来对地质中矿产资源的具体情况进行勘探；瞬变电磁技术则是在特定的时间区域中，通过人工电磁感应来对地质情况进行全方位勘探，可以有效探测出地质构成和分布等信息；地质雷达探测技术主要是通过发生短脉冲高频电磁波，然后通过接收器对发射的电磁波进行全方位分析，从而充分掌握地质层的结构和矿产资源的具体走向。传统地质勘探技术的缺点是如果仅用其中一种勘探技术，则存在较大的局限性，难以真实有效地反映矿产资源的实际情况。

（2）综合地质勘探技术。所谓综合地质勘探技术，就是对多种勘探技术综合应用，包括：钻探技术、测绘技术、通感技术、3S技术等，从土质结构的点、线、面、体、空间等多个角度进行综合分析，从而获取更加三维立体的地质结构，为后期开采和利用提供真实有效的参考依据。在具体应用过程中，综合地质勘探技术大体上可以分为三个环节：①地面地震勘探，通过地震勘探法对矿区的断层规律和地质条件进行初步探测，对含水层的分布和含量进行可靠预测，为开矿设计提供全方面的数据支撑；②通过微动测探勘探手段，对地质构造进行测查，就可以全面掌握地质结构；③通过井下钻探方法，对地质中的矿产进行勘探，通过此种方法，可以有效防止漏水情况的发生，而且工程量比较小，投资耗费也比较少，可直观控制水压和水量，而且具有很强的针对性，是经济实用的探矿技术。

三、探矿工程安全生产技术设计

（1）雨季雷击安全生产设计。在野外空旷地区不应该进入孤立的棚、屋、岗亭等，同时不宜在大树下躲避雷雨，如果情况比较特殊，身体和大树树干之间距离要控制在 3 m 以上，呈下蹲双腿并拢的姿势，如果遇到雷雨交加的天气，要立即趴在地面上，以降低遭受雷击的概率。

在平坦或者低洼地段探测时，要双手抱膝，且胸口紧贴膝盖，尽量不要低头，而如果发现高压线被雷击断裂现象，切记不能随意跑动，应当双脚并拢，快速跳离现场。

（2）人的安全行为的安全生产设计。探矿人员在进入探矿现场前，要进行一系列培训和安全教育，确保每位从业人员都掌握矿区危险源辨识、当地野外生存、避险和相关应急的能力。加强作业人员的安全生产意识和责任感，促使每位人员都能充分认识安全生产的重要性，并自觉遵循现场操作规程和规范制度，避免发生不必要的安全事故。同时现场要成立安全管理机组机构，对整个探矿过程进行全方位全过程监督检测，把安全隐患控制在萌芽状态，为探矿工程各项工作的开展营造安全的环境。

（3）场地、设施的安全生产设计。在进行掘井勘探时，要先清除井口上方和周边容易滑下伤人松动和活动的岩石。对井口 2 ~ 3 m 进行整平处理，井口的挡板和井口件要进行密封处理。如果井下有人在进行作业，必须有人在井口上方进行监护，以保证井下人员的安全。井口安装的手摇绞车要进行稳固处理，并在下方垫上 1500 mm × 150 mm × 50 mm 的杉木，垫木和绞车之间用强度螺栓进行紧固，且井口壁和垫木底部进行密封处理，确保各项操作都符合安全规定要求，保证各项工作都能安全、高效地顺利开展。

（4）支护安全生产设计。如果井口土质比较松软或者地层不稳定，需要进行支护加固处理，特别是在多雨的季节，要严格检查井壁，发现松动的石块及时处理，发现裂缝和坍塌迹象必须进行支护稳定，及时消除事故隐患，在进行更换或者加固支架时，必须停止井下探测等作业，以保证人员的安全性。

（5）人员上下井的安全生产设计。凡是上下井的人员，应根据相应的规范和标准，穿戴好劳动防护用品，在下井时，井上人员要握紧绞车摇柄，紧随上、下井人员提升或下降（上时必须卡好防坠棘轮）。相互之间紧密配合，才能保证下井人员的安全。除此之外，在每次下井前，还要全面掌握检测井壁上是否存在松动的岩石，是否有发生坍塌的风险等，确认无误后才能进行下井作业。

（6）装岩提升及装渣安全生产设计。在开始探测前，检查提升设备，确认质量达标并安全无误后，才能开工，在进行装渣处理时，比较大的石块要先装在底部，避免发生滑落伤人。井上人员在提升时，必须卡好棘轮，井下人员设置好安全挡板后，集中注意力和精力匀速提升，确保提升安全。

本节结合理论实践，深入分析了探矿工程技术和安全生产设计，分析结果表明，在地质矿产资源勘探过程中，选择科学合理的探矿技术，并做好安全生产设计，确保各项工作能顺利开展。

第八节 新形势下探矿工程新技术推广

探矿工程在经历 20 世纪 80 年代的辉煌和多年的沉寂之后，目前正面临一个新的快速发展期。为保证地质大调查和资源勘探钻探工程顺利完成，逐步恢复和提高钻探生产水平，有必要探讨新形势下探矿工程新技术的推广应用模式，组建探矿工程新技术推广示范中心。

进入 21 世纪，以高新技术为主要标志的科技进步日新月异，经济和社会发展主要依靠技术创新和创新性应用的趋势越来越明显，科技进步日益成为推动社会进步的重要力量。地质工作是国民经济和社会发展的基础和先导，是基础工业和基础设施建设的前期和超前期工作。地质钻探则在地质工作中占据重要的地位，具有不可替代的重要作用。

一、探讨新形势下探矿工程新技术推广模式的必要性

（一）钻探技术水平是地质调查工作质量的重要保障

通过岩心钻探施工，可以获取地下岩矿心，从而确定矿体的类型、品位、地下赋存形态、空间位置等，最终计算出矿产储量，做出开采技术经济价值分析。钻孔还是物探测井、水文观测试验等其他勘探方法的唯一工作通道。投入岩心钻探工程的人力、物力、财力亦是最多的。探明一处可供矿山建设的矿产地（储量），钻探工程投入占地质勘探项目总投入的 60% ~ 85%。在水文地质与工程地质勘探工作中，钻探工程是为探查地下水的埋藏、运动规律、水质、水量等水文地质条件及岩土工程力学性质而普遍采用的最重要的技术方法。

（二）令人担忧的钻探新技术推广现状

岩心钻探生产技术水平低。自 20 世纪 80 年代中期开始，随着国家计划内探矿工程工作量锐减，各省、直辖市、自治区探矿工程管理、科研推广机构相继解散，钻探生产技术管理体系几乎荡然无存。今日，随着新的地质找矿高潮的到来，钻探工作量大幅度回升，在工程市场上拼搏了多年的部分探矿工程主力部队又转回到了固体矿产钻探施工中，但此时钻探装备已经陈旧落后，地质岩心钻探的从业人员多数缺乏岩心钻探的施工经验，目前很多钻探生产单位的钻工和技术人员连普通金刚石钻进和绳索取心钻进技术这些在 20 世纪 80 年代末期已近乎常规的钻探技术都没有用过，多数缺乏深孔钻探经验。虽然可以花巨资购买先进的钻探设备和器具，但技术和人才的流失才是钻探生产技术水平低下的症结，解决这个问题的途径就是要加大钻探新技术的推广和应用的力度。

钻探新技术推广渠道不畅：20 世纪七八十年代，在计划经济背景下，地质矿产部和其他相关的工业部门都有专门的探矿工程管理机构，一项新技术（产品）从研究设计、加

工制造到推广应用都有统筹安排，专项资金直接拨付到相关单位，做到了上下"一盘棋"，在某种程度上讲，这种管理模式对新技术的推广还是非常有利的。当时，大量新的钻探技术相继研发成功并广泛推广应用，包括小口径金刚石钻探、绳索取心钻进、冲击回转钻进、定向钻进、反循环连续取心和空气钻进等先进的钻探技术方法。有的探矿队绳索取心技术普及率几乎达到100%，当时的技术合作、技术交流和技术培训活动频繁，探矿工程一片繁荣景象。随着市场经济的调整和经济体制的改革，原有的探矿工程管理体制被打破，探矿队伍属地化，从上到下没有了专门的管理机构，加之地质钻探任务逐年下滑，科研、制造和生产单位都缺乏了新技术推广应用的能力和兴趣，大家都在为生存而各自为战。科研单位研究的成果鉴定后就束之高阁了，生产单位为了生产进度和一时的低成本，也不愿冒风险采用先进的钻探技术。目前的状况是科研与生产之间缺乏有效的沟通和连接渠道，一方面生产技术水平低下的问题长期无法解决。另一方面，新成果得不到及时的转化，无法形成生产力，大大挫伤了科研人员的积极性，影响了整体的研发能力。

二、努力探索符合中国国情的国家地质工作新机制的创新思维

（一）组建探矿工程新技术推广示范中心的条件

我国深刻地意识到探矿工程在地质调查工作中的重要作用，提出应当发挥地调局所属勘探所在探矿工程方面的优势和作用，引进国外先进的地质勘探装备，开展钻探技术示范，解决西藏及西南地区钻探施工已经严重制约国家地质调查和资源评价工作的不利局面。国土资源大调查地质调查项目实施近8年的事实更加清楚地表明，地质调查队伍"野战军"不能像20世纪初的"中央地质调查所"一样没有探矿工程。只有建立一支相对稳定、技术先进、装备精良、组织精干、机动灵活、反应快速的高素质专业化探矿工程施工队伍，才能有效促进探矿工程技术的发展，完善地质勘探技术体系，适应国家地质调查工作的客观需要。这支队伍建立应首先从组建探矿工程技术推广示范机构开始。建立一个相对稳定、技术先进、装备精良的高素质专业化探矿工程新技术推广示范机构，将会有助于解决当前在青藏高原等地区突出存在的钻探生产技术问题，有效地促进探矿工程技术的发展。建立探矿工程新技术推广示范中心还有利于与周边国家开展地质勘探合作，实施国土资源部提出的"走出去"战略。建议首先在地质调查和矿产资源勘探钻探工程较多、工作前景好的地区试点，建立探矿工程新技术推广示范中心。第一批可以先行在西部省区建立1～2个施工中心。

（二）中心的基本职能

（1）承担（或内部招标承包）少量中国地质调查局国家地质工作探矿工程施工任务，特别是在青藏高原等难进入地区和偏远地区的探矿工程施工。（2）承担中国地质调查局国际合作地学项目中的探矿工程施工，承担天然气水合物勘探等高难度的特殊工程施工。

（3）承担复杂地层、深孔钻探施工技术示范及探矿工程科研项目，新技术、新方法、新工艺、新材料的生产试验工作。（4）协助上级管理部门、科研单位进行探矿工程生产定额、技术规范、操作规程、产品标准的制定。（5）承担地质调查和资源评价先进适用钻探技术的推广示范工作。

第五章 探矿技术的实践应用

随着科学技术的发展，我国探矿工程中有了越来越多的新技术、新方法，为探矿工程的顺利进行创造了更好的条件。本节对探矿工程的新技术及应用现状进行了简单介绍，并对未来新技术的推广提出了几点建议。

虽然随着科技的发展，我国的探矿工程有了明显的进步，但其中仍然存在着一些问题，不容我们小觑。比如城市发展对矿产资源需求的日益增多，使探矿工程开采力度不断加大，有限的矿产资源供不应求，再加上开发过程中的浪费，不少地方的矿产资源已经告急。当浅层地表的矿产资源无法满足所需时，我们不得不向地层更深处探测开发，然而这一作业难度无疑增加了不少，当前不管是机械设备还是科学技术都处在比较落后的水平，难以支撑探矿工程的高效进行。因此为了更好地满足探矿工程需求，我们需要借助新技术的力量来改变探矿现状。

一、探矿工程的新技术

当前探矿工程新技术主要以下几种：

金刚石绳索取芯钻进技术，相较于常规的金刚石钻进法，这种绳索取芯技术可以很好地应对复杂的地层和较深的钻孔情况，完成常规方法无法实现的钻进任务，而且能够保证岩矿芯采取率和钻进安全性，同时提高钻进效率。

空气泡沫钻进技术，主要应用于锚固孔、震源孔、水文水井等忌用液体循环条件的或者干旱缺水的地质矿产勘探中。空气泡沫钻进技术的应用，能够利用贯通式潜孔锤实现反复多次的连续取芯，大大提高了钻进速度和效率。

定向钻探技术。这项技术常应用于常规钻探方法难以良好适用的陡斜的矿体或者相对不规则的矿体。定向钻探技术目前在各个矿产开发地的应用都十分广泛，其优势在于既能够有效避免将矿体打丢的问题，对矿体能够有更好的保护，又能够在一定程度上减少工作量，提高工作效率。

坑道内钻探技术。这一技术能够提前勘探采矿中有可能存在的险情，释放瓦斯，可以有效指导采矿作业顺利进行，还可以在一些年代比较久的矿山坑道中设钻打全方位孔，因而也可以对隐伏的矿体起到良好的勘探作用。

反循环取样技术。这项技术适用于不需要柱状岩芯的探矿工程中，能够通过对所返回的盐矿样分析研究，推断出岩层的情况，可以提高钻进速度，从而提高工作效率，提高经济效益。

全液压岩芯钻机。这是随着科技的发展而广泛应用于探矿工程的新型钻机，常应用在坑道内或者地表，具有自动化程度高、机械化程度高的特点，主要是利用液压来完成相应的驱动。这种钻机的使用极大地释放了人体劳动的压力，提高了时间利用率，且能够有效减少事故的发生。

这些新技术在探矿工程中的应用可以降低探矿的难度，提高工作效率与质量，使矿产资源得到更为有效的开发利用。

二、探矿工程新技术的应用现状

从我国目前探矿工程中对新技术的应用推广的实际情况来看，还是存在着一些问题的，例如岩芯钻探生产技术水平还比较低下、落后，这是因为在 20 世纪 80 年代，探矿工程的工作量随着我国经济计划的调整而大大减少，导致大量的探矿工程队伍失去"饭碗"而选择改行，钻探生产技术管理体系也面临着土崩瓦解的危机，技术人员跳槽，地质岩芯钻探工具设备也都挪作他用。尽管如今探矿工程又重新回到重要地位，工程量也大幅度增加，将以前散落在外的技术人员、专业设备等重新召集了回来，但是由于长时间的"断档"，一些探测设备已经老化，一些钻探技术也难以适应如今的探矿工程要求，再加上新招入的技术人员缺乏实践经验，使现下的探矿工程技术水平处在非常尴尬的局面。除此之外，钻探新技术推广渠道不畅也是当前比较显著的问题，出现这一问题的原因与当初国家经济计划的转变依然有千丝万缕的原因，在探矿技术方面没有专门的管理部分，原来的技术推广渠道也遭到破坏，而一再下滑的地质钻探任务也让地质探测有关部门对新技术的研发推广失去了兴趣，即便有新技术、新设备研发出来，为之买单的人也不多，生产与科研之间出现裂痕，也对新技术的推广造成了较大的影响。

三、推广探矿工程技术的建议

（一）建立完善合理的运行机制

自身的技术设备、矿地的环境条件、地质状况等都会对探矿工程作业产生影响，这就使工程技术人员、施工人员具有高度的敏感度，在施工前要精心准备缜密的施工计划，准备所需的施工设备器材，技术人员要有过硬的专业技能与丰富的技术经验，共同应对工程中可能遇到的问题和困难。然而就目前我国探矿工程的承包制度来看，还是不够完善合理的，如施工单位经常遇到压价的问题，使他们不得不通过简化施工过程来维持自己的利益，由此一来新技术新方法便得不到有效的应用与推广。为此探矿工程施工单位和地质调查局要共同合作，建立并严格实行完善合理的能够反映探矿工程施工的价值规律的运行机制，只有二者共同获利，才能共同致力于新技术与新方法的推广。

（二）加强生产技术管理

地质调查局要设置专门的探矿工程技术管理机构，加强探矿工程生产技术的管理，对探矿工程的整个施工环节加以监督管理，统筹规划探矿工程中的重大问题。这是探矿工程施工作业得以高效完成的保障，同时也是科学实施管理制度，指导探矿工程推进新技术新方法发展应用的关键环节。

（三）组建各种运行实体

探矿工程新技术的应用是一个比较漫长的适应融合的过程，并非短时间内就能一蹴而就的，为了新技术更快更良好的推广应用，可以组建各种不同的运行实体，比如组建探矿工程施工与新技术推广示范中心，解决实际工程施工中对新技术新方法不会用的问题；组建探矿工程装备租赁中心，解决实际工程施工中由于较大的经济压力而对新技术新方法的引用犹豫不决的问题；组建地质调查钻掘技术发展研究中心，解决当前探矿勘探技术水平不高的问题；等等。通过不同运行实体的构建，让新技术新方法的应用推广更快更好地落到实处，解决实际困难，从根本上推进探矿工程新技术的应用发展。

总之，在我国的经济发展中，探矿工程始终扮演着重要角色，要积极研发应用新技术，借助新技术的力量推动我国矿产业的长远发展。

第二节 探矿工程中绿色勘探技术的应用

作为一种先进理念，绿色勘探在国外受到了广大群众的推崇，这种文化或者说发展方式已经在国外得到了广泛的传播并付诸实践。随着矿产资源开发利用的发展，矿产资源勘探的工作量也不断上升，资源勘探以及保护环境之间的冲突则很容易就表现出来了，比如环境中的植被因人类勘探活动、对施工槽的检测以及搬迁工作中所需要的大型钻探设备受到破坏等。这些问题如果不加以重视并及时采取合理的措施解决，则会在很大程度上影响环境。因此在勘探过程中应选择具有较小环境破坏力度的技术和手法，保证矿产资源的勘探给环境带来的影响降到最低。

一、绿色勘探技术的具体应用

（一）为减少槽探方面的工作量，可以采取"以钻替槽"的方式

"以钻替槽"具体分为：一是采用岩芯钻探来替换掉槽探技术，这是在槽探施工发生在较深的情况下进行的；另外一种情况是在槽探技术会影响生态环境的状况下，为了合理有效减少工作量，槽探利用浅钻技术进行操作。地层类型主要是堆积型，包括河床湖泊堆积地层、滑坡堆积地层、河床湖泊强化地层、工程回填堆积地层。"以钻替槽"是最常用方法，但是仍存在很多问题，如取芯、钻孔较为困难等。为了解决此等问题，专家进行了取芯钻进的大量研究并研发了新的方式——空气潜孔锤，并为其配备了新型轻便的多功能钻机，其突出技术优势为速度快、质量优，易操作且环保，为"以钻替槽"奠定了技术上的基础。

（二）为减少设备移动搬迁，利用"一基多孔、一孔多支"的技术

定向钻孔的方法多种多样，主要采用几种不同定向钻进的方法，并且各个方法都需具备不同的适应条件以及需求，分别包括螺杆马达又叫随钻测斜技术，具体分为有缆和无缆两种，机械式连续造斜器也是钻进方法的一种，还要钻具组合的方法。有缆随钻 / 螺杆马达定向技术由于其钻孔直径较小、精度高、钻孔深并且具有低成本的优势而最常被选用。由于所选实例云南的某矿地的地层复杂具有较大的技术难度，加之以其坡度较大，一般在80°～90°，并且地质软硬不均，换层十分频繁，需要小型的定向钻孔等等，需要严格采用大弯度的螺杆进行钻孔，要求弯度 ≥ 1.25°，钻头为直角凹面的、利用对称变化工具进行严格的对称控制，完成高精度的目标。

（三）为减轻人工搬迁负担，应采用轻型钻探设备及机具

选取轻型钻探设备时要根据实际的地层状况以及钻探要求进行选取，轻型钻探设备具有很多种类，如便携式、背包升级、多功能式。为降低钻杆柱的质量需采用材质轻便的钻具，比如材质为铝合金的，此种钻具还具有方便的移动优势，因此在交通不便捷的地区比较受欢迎，因其可大大减小搬迁的负担。本节研究对象——云南某矿田由于地势险要不便搬迁，便采用由中国地质科学院研制出的材质为铝合金的钻杆，以减小运输压力。

（四）修桥铺路，改变搬运物资的方法

为进一步保护植被与生态环境，最大限度地降低修路所占地面的面积，应制定设备以及材料运输的相关规定，搬运材料一律通过雪橇、拖拉机、卷扬机或者直升机进行搬运。

（五）泥浆也应采用环保泥浆

在以往的钻探施工进行时，因为缺乏保护环境的意识，所以在生产泥浆时仅仅考虑其性能是否符合钻研施工的要求，而没有考虑到泥浆原料可能会造成相关环境问题，带来毒性危害，造成了地质勘探中的一大污染源就是废弃的泥浆材料。泥浆的组成包括基础造浆材料以及处理剂。泥浆处理剂选择时要慎重，要选择没有毒害处理剂，这样就不会造成地质勘探过程中遇到大范围高浓度的有毒处理剂的聚集。生物聚合物环保泥浆因其不但具有防止坍塌、润滑、封堵等钻探技能，还具有自然分解的特点，可以维持外界酸碱中和，防止环境污染。

（六）合理处理废弃泥浆，使其不能产生环境破坏

废弃的泥浆主要来自冲洗地面设备以及工具的废水、用于打水泥塞的废水。废泥浆的主要特征有面积广、涉及点多、具有多种污染物、排放不连贯、不可控制等。并且钻孔废弃的泥浆中成分复杂，具有多种污染成分，包括重金属、油、悬浮物、硫化物等。具有回收利用价值的泥浆，要在符合条件要求的情况下进行回收利用，对于生态环境比较脆弱的地区进行泥浆回收时应采用泥浆罐或者管汇连接的方式，合理防止浆液下渗或者交叉造成污染。对于那些没有回收利用价值的泥浆要进行三级净化无公害处理。该处理技术就是依靠脱色吸附剂、凝聚净化剂、破胶沉淀剂直接进行三级处理，进行沉淀处理造成分层，上层清水直接排除，下层形成的沉淀要进行掩埋，禁止不经处理直接排放。

（七）合理处置生活废弃物

对于钻探施工场地的生活垃圾要进行分类处理，具体分为可循环利用的垃圾、可降解的垃圾和不可降解的垃圾。对于可降解的垃圾要进行掩埋处理，埋于地下 1.5 米左右。对于垃圾处理的地点也要合理选择，不可在河流以及水井等容易造成污染的水的源头进行垃圾处理。对于不可降解的垃圾要按照统一的规定按照科学的方法，在任务全部完成以后统一处理。

二、绿色勘探技术创新

绿色勘探技术仅仅处于基础阶段，现在所掌握的技术解决问题的范围有限，亟待新方法、新工艺、新技术的产生；人们的绿色勘探观念需要加深，意识需要提高；绿色勘探技术需要统一的勘探标准及规范，需要资金以及政府政策的支持。

第三节　数字化技术在野外探矿技术中的应用

当今社会的发展离不开科学技术的不断进步，因此，人们越来越重视新技术的开发以及有效应用。数字技术是新型技术，其有效应用将对各行业的发展起到重要的推动作用。当前地质行业正在面临着重要的变革，在地质行业之中科学应用数字化技术能够有效地推动地质行业的发展，推动野外探矿技术的进步。本节就数字化技术在野外探矿技术之中的应用相关问题进行了简要的介绍。

一、数字化技术和野外探矿技术

在科学技术时代，IT 行业的发展对整个社会的发现具有非常重要的推动作用，而数字技术是 IT 行业中的新型技术，其对这个行业的发展都具有十分重要的作用。首先，数字技术在专业领域之上没有限制，可以在地质工程、医疗卫生、航空行业等领域得到广泛的应用。其次，作为新型技术，数字技术具有一定的革命性意义。将数字技术科学应用到各行业中，不仅可以推动各行业快速发展，而且能够有效地推动各行业的"改革"，确保行业能够跟上时代的发展，与整个社会的发展相适应。

将数字技术应用到野外探矿工作中，是地质工程行业不断发展的重要需求，同时也是推动整个社会发展的需要。应该从实际出发，根据过去积累的探矿经验，将关于探矿技术的数据库建立起来，并且通过多媒体以及网络的传播，给施工人员等提供相应的技术参数。通过综合应用过去探矿的理论知识，能够制造出精确性较高的智能探矿机器人。但是在这一过程中，必须要确保地层信息数字化以及野外探矿技术数字化等的有效实现。

二、地层信息数字化

随着信息技术的不断进步与发展，人们对地球中的各种物质有了更多的认识与了解。就地质数据上而言，人类不仅收集到了大量的电离层数据，而且对莫霍面的数据也有了更深的认识与了解，人们已经掌握了近 2000 km 的地球表层数据。但是，虽然人们已经掌握了很多的地层数据，但数据在密度之上仍然存在不足，这需要地质工程相关工作人员继续开展探讨工作。利用数字技术将数据库给建立起来，对于其工作来说具有非常重要的帮助作用。在数据库之中，工作人员关注的重点主要包括：土层性质、土层成分等。利用这些收集到的数据知识，可以有效地帮助相关地质工作人员加深对某特定地层钻探工作所需数据信息的了解与掌握。比如说，在开展矿山开采时，附近是否被人工结构物侵占，可以有效说明其是怎样的结构体，进而保证工程的有效开展。

深入了解地层数据库信息不仅仅是当前地质工作人员所应该关注的重点问题，同样也是与整个探矿行业发展关系重大的问题。对地层数据库相关信息的了解程度，更有甚者会对国家安全问题产生影响。所以，我国政府及相关行业也十分重视数据库的建设，工程承担起了不断建设、完善数据库信息的义务。通过与工程施工队伍进行相关勘探工作、对数据进行检测等，不断开展数据库的建设以及完善工作，这对于建立地层数字信息系统具有十分重要的作用。除此之外，在建立地层数字信息时还需要做到地层数据的不断更新以及完善等。

三、野外探矿技术数字化

（一）建立数字化野外探矿技术

科技的发展有效地带动了社会的进步。为了有效地推动地质工程的进步以及改革，切实提升野外探矿的技术水平，必须要更加科学、有效地利用第三产业的力量。在有效健全地层数字信息的条件下，有效地推进转进参数收集工作的有效展开，并且应该对所收集到的各种数据信息进行有效的过滤、分析、运算以及重组等，有效地推动野外探矿技术朝着数字化方向发展。应该利用人工智能技术在探矿工作之中的有效应用，将整套的数据库系统给建立起来，主要包括模型库、方法库、逻辑库以及知识库等，进而有效地把数据的收集工作转变成高层次的分析、判断、识别以及决策的科学系统，使野外探矿技术能够具备更加科学化、智能化的自我调节、自我感应以及自我适应的钻进技术，有效掌握有效进行机器人控制相关技术，并且具备远程操作相关技术使探矿技术数字化情况得以有效地实现。

（二）野外探矿技术的数字化在探矿工作中的表现

一般而言，野外探矿技术数字化表现在两个方面：第一，其可以把定性表述转变成定量的数字表述。换言之，能够有效地提高探矿技术在开展探矿施工之中的准确性。在过去探矿施工之中，我们通常把钻所遇到的地层岩石根据硬度划分成三个级别，分别是"硬""中硬"以及"软"，在数字技术应用到探矿工作中后，地质工程相关工作人员可以将钻遇到的岩石情况予以更为精确的数字表示。对钻所遇到的岩石硬度情况予以数字化表示，可以有效帮助相关工作人员在探矿工作过程之中进行数据的收集、统计以及整理等，使野外探矿技术数字化得以有效地实现。第二，野外探矿技术数字化可以表现成把知识进行数字化表示。利用工程施工过程中相关科研工作人员所收集到的信息数据，通过一定程度翻译为计算机可以理解的数据信息，从而使知识的数字化得以实现。一般而言，在野外探矿工作之中，经常会遇见各种矿井事故，如卡钻、井漏、井喷等，为了更便于将其变化成计算机可以理解的二进制语言，我们可以把此当作事故发生的判断依据，也可以将其当作事故措施采取的判断依据。

在对极地、海底、高山区域等的探矿工作之中，因为环境条件较为恶劣，或者人类不易涉足等因素，运用数字化技术来开展野外探矿工作，可以有效地帮助人们顺利完成高难度的工作。而且因为数字化野外探矿技术能够实现精确性的操作，工作人员不用担心设备无法在无人状态下开展工作，有助于探矿工作的有效开展。

四、野外探矿技术应用数字技术的完善措施

将数字技术科学的应用于野外探矿工作之中，就地质工程的革新而言具有十分重要的意义。但是因为当前对数字技术没有予以全面的掌握，及受其他各种条件的制约，在短期之内无法在野外探矿之中充分应用数字技术。为了使数字技术在野外探矿工作的应用得以实现，需要做到以下两点：

（一）国家及政府部门予以重视

国家应该充分发挥其影响力，对过去钻探数据资料等进行系统的整理，为探矿工程提供数据库平台。除此之外，国家还应该为推动野外探矿工程的发展提供相应的指导以及支持。为探矿技术引进相应的人才，并组织开展野外探矿工作中数字技术应用的研究工作，从而使我国探矿技术水平得以进一步提高。除此之外，国家还应为野外探矿工作的顺利展开筹集相应的资金，以及较为先进的设备，并制定有关的制度，从而使我国的野外探矿工作得以有效地推进。

（二）增强施工单位的培训工作

野外探矿工程施工单位也应该不断增强对其工作人员的培训工作。应该定期、定时地对其工作人员展开技术培训，这样才能够使工作人员对数字技术与探矿工作等有一个更为科学、更为全面的认识，从而调动其主动性与积极性。除此之外，工程施工单位还应该率先进行数字技术产品的引进工作，应该对数字技术应用情况予以足够的关注，从而使工作人员有更多的机会了解数字技术产品，从而为数字化野外探矿技术的有效实现奠定重要的基础。

第四节　激电中梯扫面物探技术在探矿中的应用

物探技术在地球物理学中是非常重要的内容。在物理学理论的支持下，对地球展开研究，广泛应用于地质研究以及能源探测等。就物探方法而言，其有非常多的种类，主要包括测井和地震法等。地球物理勘探是借助磁、热导率以及岩石物理性质等手段。在这些技术的支持下，其能够很好地服务于城市建设以及国防领域、考古、核电、水电等领域。结合以上分析，在具体工作实施阶段，科学地选择勘探技术与方法，确保工作的合理性至关重要，以确保物探技术能够充分地发挥作用。该技术在探矿方面的作用越来越重要。

一、地质及地球物理特征

（1）地层：该区地层不复杂。主要发育安格尔音乌拉组（泥盆系上统）第2岩性段，板岩以及不等粒长石砂岩与中细粒长石砂岩、硬砂岩是其主要的岩性特征，颜色为浅黄色、浅灰色以及黄灰色。少量发育敖包亭浑迪组（泥盆系下统）的第2岩性段，生物长石砂岩以及长石砂岩夹黏土质生物灰岩与含粉砂凝灰岩是其主要的岩性组合特征，为滨海－浅海相砂质、凝灰质、钙质沉积建造。

（2）侵入岩：区内广泛发育侵入岩。以中酸性侵入岩（燕山晚期）发育最为明显，其产出特点呈现巨大岩基北东向产出，主要表现为中深成相岩体。蓝铜矿以及氧化铜孔雀石分布于地表的局部岩体上，提示燕山晚期中酸性侵入岩与该矿的成矿存在非常密切的联系。

（3）构造：区内具有明显的构造特征，主要为燕山晚期以及华力西期为主，展布方向为北东向，展布特点呈现北东向，总体向北西方向倾斜，倾角在34°～72°。萤石化、褐铁化以及孔雀石化蚀变特征明显。

（4）地球物理特征：对区内岩石样品进行电性测定，显示该区的铜多金属矿和围岩之间存在差异较大的极化率与电阻率。

上述分析显示，可以在该区开展电法勘探工作。通过测定，极化率在褐铁矿化石英脉中表现非常高，平均在3.75%，测定砂质板岩显示其极化率为0.84%，提示在极化率与电阻率上区内岩石存在很大差异性，所以，可以在该区进行物探研究。

二、成果解释

（1）激电中梯扫面工作：利用该工作共在该区发现3处激电异常位置（1号、2号、3号），激电测深剖面在这些异常位置上进行布置。

1号异常，主要表现为北西向的条带特征，范围（长×宽）为1300 m×300 m。在北西向上没有发现封闭，4.6%是其最大的异常值，小于100 Ωm电阻率与之相对应，异常为低阻高极化特征。中细粒花岗岩与砂质板岩是该区的主要岩性特征，并且具有非常好的套合性，褐铁矿化带（50 m）在地表上可见，激电异常显示矿化带与之类似，也有褐铁矿化石英脉，铜蓝在其中分布，检测其样品，钼具有很高的含量。激电测深于40线实施，方位30°，可能是区内花岗岩以及砂质板岩相互交接的部位引发的异常。硅化以及黄铁矿化在其接触部位可能存在，在平面范围表现区域场特征。

区内的矿源层主要为中—下侏罗统木嘎岗日群，班公湖—怒江洋盆在晚侏罗世末期—早白垩世阶段出现闭合，处于两侧未知的地体不断处于碰撞作用下，导致近矿质在矿源层内不断被活化，矿体不断在断裂构造中沉淀成矿。

三、控矿因素

（一）地层控矿

中—下侏罗统木嘎岗日群是该金矿区内的主要矿体以及矿点的产出位置。该区的主要含金建造为木嘎岗日群，海底热水喷流产物主要富含于沉积期内，锑与银以及金等元素在此比较富集，与其他地层相比明显高于其背景质。基于以上分析，金的重要来源可能与中—下侏罗统地层关系密切。而且班公湖—怒江缝合带在不断演化的过程中，该地层随着其俯冲—碰撞作用的影响发生变质，最终形成砂板岩。这种砂板岩非常硬，而且脆性极高，因此断裂裂隙不断形成，使成矿流体在其间不断运移和聚集，形成矿体。

（二）构造控矿

班公湖—怒江缝合带强烈的构造活动，是区内成矿的主要因素，尤其是海相复理石建造（洋盆发育阶段沉积）是该区金矿的主要成矿物质来源，伴随着洋盆的演化闭合，再加上起两侧位置的地块不断发生碰撞，成矿物质不断运移，在有利的空间位置上成矿。因此该区的导矿及容矿构造都是受断裂前期张性构造的影响。

四、找矿标志及方向

通过对该区进行综合分析，总结出以下找矿标志：①断裂带内的含金石英脉以及浅变质碎屑岩（木嘎岗日群）与矿区矿化存在非常密切的联系。②区内断裂构造（近东西向）与旁侧位置上的断裂，是该区金矿化的主要产出位置，约与断裂位置接近，金品位则表现明显很好，反之则较低。③区内存在明显的热液蚀变特征，主要为绿泥化以及绢云母化、碳酸盐化、硅化等特征。可将这些蚀变组合作为重要的找矿标志。④自然金是该区的重要的矿石矿物，然而在金成矿过程中方铅矿以及黄铁矿是其主要的载体矿物，尤其当含金石英脉内存在大量的硫化物时，金品位则表现明显富集。⑤矿区具有明显的金、银、砷、锑综合化探异常，异常的浓集中心部位，特别是与近东西向断裂构造套合较好的部位，是本区找矿的重要地段。

第五节 现代小井眼探矿技术在石油勘探中的应用

一、小井眼探矿技术

(一)小井眼概念

对于小井眼,有的研究人员认为,小井眼是直径小于8.5的井,还有一个概念,90%以上的井段都是由小于7的钻头钻成的井。小井眼油井和相同井深的井眼相比较而言,其直径较小。比如,从石油钻井现象来看,采用12.25的钻头和800 m深的井为正常情况,可是采取101.6 mm的取芯钻头和94 mm的钻杆,该井则是小井眼。

(二)小井眼探矿技术发展背景

小井眼探矿技术出现于20世纪的美国,在各个区域一共钻取了100多口小井眼,从施工结果来看,钻取小井眼较为方便,成本较低,在经济上是比较划算的。电子学的出现,推动了小井眼技术的发展,为其进步奠定了有利基础,通过采取小型传感器,可以不需要使用常规直径的油井,便能够获得全部数据,从而降低费用,提升效益。一直以来,小井眼探矿技术由于性能较高,受到了世界各个国家的广泛关注,小井眼数量呈现不断增长的趋势,它逐渐替换了常规井眼,为石油工业的发展带来了巨大的贡献。

二、钻机特点

以往常规石油钻机全面钻机的速度较快、效率高,可是此种类型的钻机取芯效率较低,限制了取芯长度,在每次取芯之后,都要下钻一次,才可以完成整个工作进程。与其相反,探矿取芯钻机功能较多,既可以在浅地层中全面钻进,又能够实现全井小井眼钻进和连续取芯钻进。其中,探矿取芯钻机的特点体现在以下几点:

第一,钻机尺寸比较小,能够减少井场面积,重量和石油钻机相比较而言,特别轻,能够直接应用于直升机运输或者拖车转载中。第二,在进行钻机过程中,驱动系统主要是利用卡盘开展钻压和转速的。第三,所需动力小,一般保持在300 ~ 400 HP。第四,液压控制系统可以有效控制钻压、转速运行情况,液压自动控制负责保护高速转动的钻柱,尤其是在扭矩突变的时候,效果更加明显。第五,连续取芯系统不需要下钻,便可以采取钢丝绳直接提出内岩芯筒,在每2000 m地方,取出18 ft岩芯,平均停钻15 ~ 20 min。第六,转速一般保持在200 ~ 50 r/min,最高情况下,可以达到2000 r/min。这样一来,对钻进应变质岩效果明显。第七,取芯钻头可以适当采取表镶金刚石钻头,它比较适合应用于地层较硬的高转速。

三、连续取芯钻机类型

第一，探矿用绳索连续取芯钻机。在探矿期间，采用绳索连续取芯钻机，这种类型的钻机大多数没有转盘，是专门为全井井段取芯钻井设计的，有的钻机钻深基本上可以达到6000 m。第二，小井眼全面钻进钻机。对于一些小型石油钻机和修井机而言，可以适当地钻取一些小井眼，可是无法有效满足连续取芯需求。第三，复合式石油钻井用钻机。把探矿期间连续取芯钻进用的钻杆，采用过绳索和卡盘，将其配置在石油钻机中，让其成为真正的取芯钻机。目前，大多数公司已经完成了对石油钻机的改造，这些钻机可以取芯钻进至6000 m。

四、小井眼探矿技术在石油勘探中的应用

（一）井控工作

钻井和井壁之间的孔隙较小，根据钻柱旋转需求，重新对常规井控概念进行定义和改进。由于环空流量小，一旦发生井涌现象，很容易将井全部喷空，所以，必须在溢流量较小的情况下发现溢流，不能简单地使用在测取地面压力之后，引进循环控制井涌的标准做法。压力降的配置和常规油井相比较而言，恰好相反，环空间孔隙小，大多数压力降是在环空情况下引起的，而常规石油钻井的压力降则是在钻杆内部产生。

（二）泥浆

环空孔隙较小，钻柱快速运转，使大多数井段逐渐形成急流，因此，以往多种传统水力学模式无法满足这一发展现状。所以，必须将泥浆固相控制在一定区域内，不可过高，以此防止钻杆内部形成沉积泥皮，从而提升取芯筒运行困难性，严重的情况下甚至提取不出，对此，要配置合理的离心机固控设备。

（三）岩芯处理

开展连续取芯作业的主要目的是收集更多的岩芯，因此，要全面处理和分析岩芯。其中，现场岩芯实验室可以测量到以下数据：孔隙度、渗透率、饱和度、化学反应、系数等。岩芯本身体积较大，不容易受到泥浆污染，并且取芯深度结果准确率高。进行现场岩芯处理能够减少测井工作量，缓解工作压力。可进行标准电缆测井的最小井径为2.875，可以进行完井测试的最小井径是3，最后，将测井测试结果和岩芯处理结果相互比较检查。

（四）固井

钻杆本身作为可以回收的套管，能够有效地减轻固井工作量。要想缓解小环空增加的摩擦阻力，就需要较高的泵压。可是，这样一来，便容易产生窜槽和压漏脆弱地层，增加

了固井作业开展的复杂性，因此，主要的解决方法是扩眼，小井眼需要的水泥量较小，可以适当寻找更好的方法。

（五）优先选择小井眼勘探井的情况

面对以下几种情况，可以在勘探规划过程中，优先选择小井眼勘探井。第一，大部分钻头投资只可以用于后勤工作。第二，受气候、环境以及交通等因素的影响。第三，当物探作业开展过程中，操作复杂，成本高并且不利于继续前进的时候。第四，等到重新上钻加深一口老井的时候。第五，需要连续取芯，以此提供充足的资料。比如地层以及层速度和地层流体等。第六，在油田开采期间，是否延长油田的使用时间。

第六章　煤矿工程的基本理论

第一节　煤矿工程采矿新技术发展趋势

随着我国的经济增长，对煤矿安全管理的需求也在逐渐增加，对煤炭开采新技术的需求也越来越迫切。

近年来，为了满足煤炭企业煤炭开发建设现代化新技术，不断提高生产效率、加强煤炭企业经济效益建设。目前不仅在生产过程中进行了大量投资，设备、技术、人员和物质资源也需要一些开采技术和支持技术。因此，随着我国科学技术的发展，煤矿技术也在迅速发展。

一、采矿新技术在煤矿中的重要意义

（一）有助于降低煤矿事故的发生率

在我国真正开采煤炭的过程中，煤矿经常发生事故，由于煤矿生产中存在诸多问题，煤炭企业在开采过程中必须更加重视安全。而新技术的应用不仅能保证生产过程的科学安全，还能降低生产成本，降低安全事故的可能性。

（二）有助于增加企业的竞争力

通常情况下，过时的、落后的采煤技术和设备不仅会导致煤矿事故，而且会严重阻碍煤炭企业的发展。相比之下，如果煤炭企业拥有现代化的设备和技术，它们在制造业中的优势要比竞争对手在同一行业的企业大得多，因此获得巨大的经济利益。

（三）有助于提高企业的经济效益

科学的发展使许多矿产生产领域逐渐发展为机械生产，大大提高了企业的生产力。因此，拥有先进生产技术的煤炭企业可以大幅减少人力劳动、机械化生产、节约人力资源，获得更高的经济效益。

二、采矿技术在我国采矿工程中的应用

我国的煤炭开采历史悠久，煤炭开采技术也有着深远的基础。但是采矿业更复杂、风险更大，特别是在一些复杂的地质领域，由于采矿业技术较低和设备落后，加剧了采矿业的困难。因此，为了最大限度地避免采矿事故，需要使用现有开采技术作为支柱，以提高煤炭企业的生产力。

（一）传统的采矿方法

在实际工作中，煤矿有几种不同的开采方法。一般来说，为了提高煤矿开采的效率，必须根据煤矿开采的具体条件采用适当的开采方法。

（二）煤矿采矿的新技术

煤炭工业使用智能控制来工作。智能控制有两种选择：自动操作模式和手动操作模式。

伪倾斜的开采煤炭的灵活方式是将煤层的工作和采矿区分离出来，并将煤层的厚度稳定且变化较小的煤层分离出来。在开采过程中，工作量要大得多，煤炭的产量也增加，可以提高煤炭产量的安全性。与此同时，这种方法使管理人员的工作更容易。不过，值得注意的是，在提取过程中，必须不断加长风道支架，逐步拆卸风道支架，并在采掘过程接近矿区时完全拆除支架。

三、煤矿工程采矿新技术的发展趋势

我国的采矿技术从一开始就不够成熟，但随着我国经济的发展，煤炭企业面临着新的技术创新。目前，我国采矿业的发展方向略有不同，但总的来说，数字煤矿建设是我国煤矿发展的必然趋势。因此，在煤炭开采过程中，智能采矿业是我国矿业发展的最终目标。在我国，采矿业发展初期，中小型采煤企业，主要是小阶段实施计划开发阶段，仍然存在技术落后的问题，因此实现采矿智能是一个漫长的过程。在这一过程中，需要相互协调和协调发展所有环节，这是矿业企业发展真正取得进展的唯一途径。

新的矿产技术在煤炭企业中扮演着越来越重要的角色，在生存和发展中都具有无价的视觉作用。因此，今后应努力采矿改变观念，重视新技术的开发和使用方法，同时不断总结先进适用新技术。

第二节　煤矿工程采矿技术的探究

煤矿是中国重要的能源物质，有着经济的价格和丰富的储藏量，能够满足我国市场经济的需求，也带动了煤矿采矿行业的兴起，且采矿行业迅速成为龙头产业。但目前的煤矿采矿技术不佳，仍存在着一定的问题，容易造成煤尘、水、火、瓦斯等方面的故障，带来经济的损失、人员的伤亡等。因此，应该不断加强采矿技术的研究与引进，强化各方面的安全意识，完备采矿技术体系，使采矿技术趋于成熟化，为采矿行业注入新动力。

煤矿工程是重要能源物质之一，随着煤矿工程的不断推广，采矿技术也不断完备，但发展的进程中，相关方面却逐渐彰显出不足与落伍，地下、露天采矿技术较差，智能化程度不高，技术开采精细化不足等问题，不容小视。应该始终贯彻"安全第一、预防为主、综合治理"的采矿管理方针，加强技术创新，实现采矿技术的现代化。

一、煤矿工程采矿技术的现状

（一）采矿技术人员综合素质较低

采矿技术人员综合素质的高低直接决定了采矿成功与否，以及采矿的总产量与质量。但目前，技术人员综合素质普遍较低，大多数技术人员学历低于大专水平，缺乏系统性的采矿技术知识体系，没有受到专业化的培训与教育，多是根据"师傅带徒弟"方法学习开采技术，接受老一辈的开采经验，而很多经验缺乏理论支撑，不细致、不科学、不合理的方法使煤矿在开采过程中，产生大量资源浪费与丢弃、开采失败等现象，降低了煤矿的品质与产量，为煤矿工程的采矿事业带来了严重的危害。另外，管理层缺乏管理能力，对技术人员的技术要求相对较低，没有充分考虑技术人员对采矿技术的重要意义，只是一味地要求机械化操作，忽视了对技术人员综合素质的培养，以及安全意识、技术指导的管理，也间接阻碍了煤矿工程采矿技术的发展与进步。

（二）煤矿工程采矿技术缺乏创新性

煤矿工程的采矿过程，需要过硬的采矿技术支持与有效应用，而我国的采矿技术普遍落后，面对不同的煤矿基础情况，只是一直采取传统的爆破开采模式，没有遵循因地制宜的方法，没有自主创新的意识，导致大量煤矿资源在爆破中浪费掉，既增大了资金的投入，也降低了煤矿的开采总量。且开采部门没有提前设定合理的开采计划，以及未对紧急情况制定应对措施，使煤矿工程采矿过程中，容易产生一系列的意外。由于没有得到及时妥善的处理，可能导致上方煤矿对通道造成巨大压迫，承受不住致塌陷，或者使地下水流动路径、方向、流量受到相当大的干扰，容易出现二次危害，即地下水突然涌现，致使煤矿开采工作滞停，需要重新注入更多的资金进行维修、整治。缺乏先进的采矿技术，没有科学的应对机制，对自主创新的不重视，使采矿技术越来越不能满足目前对采矿工程的需求，让技术的发展处在瓶颈阶段，急需解决。

（三）煤矿工程采矿技术体系不完善

目前，我国煤矿开采技术体系尚不完善，仍存在着诸多的不足与弊处，使技术难以前进一步。开采过程中，对环境的危害不容小视，普遍对当地的空气质量、水体质量、自然风景造成不可修复的迫害，技术上的不足，让生态环境付出惨重的代价，这违背了行业要成为环境友好型的目标，也让采矿行业的可持续发展受到严重的质疑。并且采矿技术的管理也不到位，安全责任分配不明确，部门责任互相推脱；企业内部技术人员管理的条例没有明确制定，使技术人员流动性较大，缺乏约束力，便产生采矿过程中，人员数目不定、开采效率也相对较低的现象；资金投入不合理，对器械的购买力度不够，导致设备分配不足，部分人员无设备可操作，使煤矿的开采速度慢、耗时长。这样不完善的采矿技术体系，让煤矿工程的采矿技术始终无法突破瓶颈、实现现代化。

二、提高煤矿工程采矿技术的对策与方法

（一）提升采矿技术人员的综合素质水平

采矿技术人员的综合素质水平影响着煤矿工程采矿行业的发展趋势，就目前存在的技术人员素质水平低的问题，应该加强两方面的管理。管理层的人员应该加强对技术人员的技术培养，定期开展采矿技术知识讲座与座谈会，强化技术人员的专业技能本领，并进行岗前实践活动，实现理论与实践相结合，为技术人员累积实战经验，加强采矿技术可行性，并培育技术人员具有较高的处理紧急情况的能力。同样，管理者更应该加强对技术人员思想层面的引导，正确地引导技术人员树立起艰苦卓绝的职业价值观，加强安全意识的培养，使技术人员的综合素质得到提升。而作为技术人员本身，应该具有积极向上、不畏艰苦的信念，并自主加强自身的采矿技术，积极参加各项培训与讲座，开阔自己的视野，不断完善技术知识体系，并额外掌握一门外语，便于查阅大型引进设备的外文注释，以及外来机械操作，使自己在采矿技术上具有优秀的技能；与此同时，积极主动地进行实践操作，实现学习的理论能融洽地与实践有机结合，促进实践操作的熟练度与精准度。只有这样不断地提升技术人员的综合素质，才能保证采矿技术越来越具有高效性、科学性。

（二）提高煤矿工程采矿技术的创新性

科学技术才是第一生产力，只有保证采矿技术的领先与创新，才能让采矿事业蒸蒸日上。其首要任务是在煤矿开采前，科学、周密地进行计划设计与紧急情况相关处理事宜，为后来的煤矿采矿工作打下夯实的基础与保证；对开采的煤矿进行实地考察与材料检测，

测试煤矿的硬度、质量、能承受的最大破坏力等方面，充分掌握待开采煤矿的基础情况，结合相对应的采矿方法，遵循相关的采矿法律法规以及开采行动要求，严格地进行科学、合理的开采，严禁烟火等易燃易爆物品靠近煤矿，避免造成爆炸与危害。面对落后的技术，我国政府应该提倡多与国内外优秀的企业进行专业技术上的友好交流合作，就采矿技术展开一系列的探讨与研究，国内企业应该汲取精华，摒弃糟粕，吸收良好的采矿技术，结合我国的煤矿具体情况，进行技术创新升级，自主创新出具有中国特色的煤矿工程采矿新技术，使采矿更加精细化、高效率、高收益化，并降低了采矿的成本与烦琐性，更让我国的煤矿工程采矿技术处于领先水平。

（三）逐步完备煤矿工程采矿技术体系

完备的煤矿工程采矿技术体系是实现采矿行业蓬勃发展的有力支撑，应对残缺的体系，应该不断进行技术改进，及各方面的完善与修补。应该加强对环境污染保护的重视，要对技术进行科学的创新、格局的整改，减少采矿过程中对环境的污染程度，逐步实现零污染，让环境可持续发展，采矿行业可持续发展；完善技术管理，大力宣传安全意识，并根据相关的国家法律法规，结合企业自身的特点与情况，企业内部设立具体的安全责任分配条例，细化责任范围，确保各部门责任范围独立、无交叉，避免因为责任推脱耽误采矿工程的进程；建立并认真实施技术人员工作时间表，确保每个人得到任务的分配与合理的休息，保证采矿的每一步骤都有充足的技术人员，既让采矿工作井然有序地进行，也提高了开采的效率。

完备的采矿技术是煤矿工程可持续发展的保证与基础，是煤矿行业生存进步的基石。应对煤矿工程采矿工作中出现的开采技术落伍、创新元素缺乏、开采工具落后、安全意识不足等多方面的不良现状，应该采取积极的弥补措施与技术改进，结合国内外现有技术，提高创新能力，自主创新出满足需要的新技术，大力研发新式器械，综合提高采矿率，培养安全意识，降低煤矿事故的发生率，保证技术人员的安全，从而实现技术体系的完备。

第七章 地质勘探与探矿技术的实践应用

第一节 探矿工程在地质资源勘探研究中的作用

想要充分地利用大自然赋予我们的矿产资源，就需要对矿产资源的分布进行细致的分析和了解。而探矿工程作业能够从地下岩层获取地质矿产资源勘探的研究时必须的样品实物。因此，我们要对探矿工程赋予高度的重视和充分的肯定。

探矿工程的涉及面十分广泛，既能上天、登极又能入地、下海，因此，探查地球内部的望远镜则成为人们对探矿工程的形象化称呼，被当作探矿工程的代名词。探矿工程操作风险性高，对探查人员的理论知识、专业技术和实践经验都有很高的要求。目前，在探矿工程技术领域在上天、登极、下海等方面的技术趋于成熟，而入地技术相对缓慢。随着地质勘探研究的深入，探矿工作的重要性也日益突出，社会地位不断提升。

一、探矿工程在地质资源勘探研究中的现状分析

在新经济常态下，我们要对探矿工程在地质资源勘探探索和研究中所起的作用有足够的认识，才能在今后的工作中为探矿工程提供技术支撑。首先对地位进行剖析，地质勘探研究工作主要研究对象就是探矿工程。然而，陈旧的思维使人们习惯性地将探矿工程划分为隶属于地质资源勘探工作的部门。这种思想意识严重制地约了地质资源勘探研究，对正常开展地质资源勘探研究工作也不利，对探矿工程工作产生了很大的影响。因此，职能部门要消除对探矿工程工作不利的影响，以此提升探矿工程的地位，打造更加专业化的探矿工程队伍。其次，探矿专业技术人才严重缺乏。目前，我国探矿工程专业技术人员的年龄偏大，并且逐渐趋于老龄化方向发展，而这些技术人员是探矿工程的工作骨干。如果这些人退休，又没有新人加入，那么就会出现人才紧缺的现象，从而造成探矿工程各个岗位专业技术人员缺少。因此，行业应重视培养新的接班人，加大专业技术人员的培养力度。

二、探矿工程研究的主要任务

现阶段，我国以目前现有的技术完成对 0.5 km 以上的大部分重要矿藏的开发是很难

实现的。这是因为探矿工程技术仍处在起步期，所以对于埋藏在 0.5 km 以上的矿产资源还是无法取到。由于经济增长迅猛，矿产资源的消耗增长迅速，对矿产资源的需求急剧上升。所以，对于地质资源勘探的研究而言，目前其工作的重点是改进探矿工程，探查并开发埋藏于 0.5 km 以上的地质资源，来缓解供需矛盾，补充矿藏资源紧缺现象。将 0.5 km 以上的勘探工作及开发矿藏作为探矿工程的工作重点，探明深层潜在的储存矿藏。此外，加大勘探开采新能源的力度。其中在新能源的开采中，煤层气的勘探技术难度较大，此项勘探技术一直处于起步阶段，技术发展也面临着诸多疑难问题。因此，要将煤层气这一新能源在短期内开采和发展出具有一定的规模性，以现有的技术难以实现。但在未来的新能源中，煤层气占据着最重要的地位，煤层气的利用价值最大，地质专家也试图对煤层气勘探开发进行立项研究，作为研究课题希望从中找到关键技术难题和解决之法。

天然气水合物是我国矿产资源中极为重要的矿产之一，是技术开发和研究的重点。相对而言，地热能的开采就容易很多，地热能是重要的绿色能源之一，可以再生循环利用，分布广泛，投资成本低，开采出来可以直接使用。但是，现阶段地热地质工作存在基础工作差、钻探效率低等缺陷，可以看到我国的地质勘探研究状态不容乐观。因此，地质工作人员要继续深入调查掌握和了解全国地热能分布特点，不断地对勘探技术进行研究，同时对新技术也要研究推广，为优化能源结构的调整奠定基础。此外，是地球资源的勘探。研究地壳结构就需要获取地壳内部的信息，探索地球的流动系统、深部地热结构以及地震的发生规律，从科学的视角分析影响自然环境变化的因素等一系列科学问题。

三、探矿工程在地质资源勘探研究中的作用

（一）利于矿产资源的勘探和开发

我国的物产资源丰富，然而真正得到开发利用的部分很少。地质矿产勘探技术水平有限，勘探深度仅在 500 m，勘探技术距发达国家相差很大。因此，我国深度矿产资源的开发技术需要进一步的提升，才能满足矿产资源需求量的日益增加。

但目前我国关于这项开发技术的研究还不够成熟，因而深度矿产资源的勘探技术还需要进一步的完善。对深层矿产进行探明活动时，通常采用岩芯钻探技术，但使用此技术时要融合遥感探技术和物化探测技术，然后对深层的矿产实施有效的探明取样，进而促进矿产资源的开发。

（二）在一定程度上解决了钻探取样等技术难题

钻探取样技术必须依托探矿工程才能得以充分发挥。在人们的现有意识中，单纯地认为探矿工程的作用就是为地质找矿。近年来，科学技术不断进步，人们的意识开始转变，探矿工程已经逐渐应用于为地球科学的发展和探月工程的研究。而现阶段勘探人员要对月球与地球之间的关系、月球的资源和地质状况等实施有效的分析，这些科研活动必须要有

实物样品才能进行有效的分析。自登月成功之后，我们获取了月球表面样本，但受月球上诸多因素的制约，所取到的样本仅 0.7 ~ 3 m。从上述分析中足以证明探矿工程不仅是地质资源取样技术的基础，也是解决登月技术难题的基本保障。

（三）监测环境和地质灾害、开发和评价天然气水合物资源

目前，我国的许多缺水地区利用探矿工程寻找地下水源，同时探矿工程在地质灾害治理工程中也得到了广泛应用。但天然气水合物资源的利用会受诸多因素的影响。虽然国家对开发天然气水合物资源十分重视，也投入了大量资金，同时研究人员也进行了长时间的此项技术的开发研究。但是，国家投入的大量资金主要都用在了钻探工程、物化探工程中。

（四）在一定程度上推进了大陆科学钻探的发展

钻探技术是大陆工程中很重要的技术，在我国探矿工程事业的发展过程中也已经有多年的发展历史了，在取样活动中应用钻孔技术可以得到多种样品的有效参数，这些数据值是研究地球科学的重要参数值。获取到有效参数后，针对地球深层物质的动力学、成矿机理、结构以及组成实施研究分析。大陆科学钻探工程在多个领域得到了应用，如，在湖泊冰川、气象事业、矿床的成因和油气资源等领域中。此外，在地质灾害、地壳热结构领域也得到了广泛应用，如在九七三计划中，专业技术人员就是通过钻探技术获取样品后对地球表面实施有效的研究分析，为分析原状岩芯的研究工作提供了十分重要的信息材料。尤其是汶川地震发生后，大陆工程的钻探技术在地质灾害工作方面给地震监测计量提供了及时、准确的地震信息。因此，探矿工程技术无论是在深部找矿，还是在环境治理整顿和地质分析中都具有不可替代的重要作用。

在新经济常态下，我国的探矿技术地位日趋上升，探矿技术的价值在国民经济建设中也得到了充分的体现，应用探矿技术开发矿产资源不仅推动了我国经济的高速发展，也最大限度地保护了国家的地质资源。同时，探矿技术也为生态平衡提供了服务条件。

第二节　探矿工程在地质资源勘探中的应用

随着国民经济的不断增长，社会对资源勘探开采工作提出了更高的要求。探矿工程技术科学应用作为地质资源勘探过程的重中之重，是不可或缺的关键内容，能够极大推动地质资源勘探作业有序、顺利开展。探矿工程实践应用需要结合以往实际工作问题，科学有效地采取解决措施，全面提高风险防范控制能力，最大限度地发挥探矿工程在地质资源勘探中的应用价值，促进我国地质资源勘探工作稳定持续发展。本节将对探矿工程在地质资源勘探中的应用展开分析与探讨。

基于经济发展新形势下，我国地质资源勘探工作发展要与时俱进，跟上时代前进步伐。

探矿工程又称勘探技术，被广泛应用于各个行业领域中，泛指地质勘探工作中相关的工程技术。探矿工程在地质资源勘探工作中的高效应用要求技术人员具备较高的专业能力和素养，只有这样才能发挥该项技术作用，科学有效地维持地质资源开采的安全稳定性，为各项资源开采提供有力的技术支持，确保资源得到最大化开发利用。

一、探矿工程在地质资源勘探中的应用价值

（一）提高矿产资源勘探与开采水平

与西方发达国家相比，我国矿产资源勘探与开采工作质量和效率偏低，资源利用率有待进一步提升。我国拥有丰富的地质矿产资源，为了有效推动社会经济稳定持续发展，必须最大限度地发挥矿产资源的价值作用，满足各行各业对矿产资源的获取使用需求。通过将探矿工程技术应用于地质资源勘探，能够有效地促进深部矿产勘探工作有条不紊地进行，充分保障矿产资源开采的安全稳定性。

（二）科学检验地球物理资料的真实准确性

在地质资源勘探工作中，通过合理运用探矿工程能够帮助工作人员科学有效地检验地球物理资料信息的真实准确性。基于孔内规范操作测试下，能够为获取地质岩矿层物理性质信息有效提供绿色通道，地质勘探相关工作人员只需要进入该通道就能够清晰直观地观测到矿体的大致形态及地质结构与组成，这样一来就可以直接在现场利用工具展开地质素描工作，为地质资源开采工作的开展打下良好的基础。

（三）检测环境和地质灾害

探矿工程在我国各领域的生产工作中都有一定的应用，比如在找井钻水工程中，通过科学采用探矿工程相关技术，能有效提升找井钻水工程的施工质量和效率。当企业探索开发地质天然气水合物资源时，需要综合考虑各种影响因素，降低整个开发过程所要面临的地质环境灾害影响，就必须利用探矿工程技术展开环境检测工作，其中广泛应用的探矿工程技术主要有钻探工程和物化探工程。

二、探矿工程应用发展中存在的主要问题

（一）探矿工程专业化发展水平落后

我国探矿工程专业化发展水平较为落后，相关工作人员认为探矿工程只是地质资源勘探工作的手段，缺乏对该项技术的深入研究应用，从而阻碍了我国探矿工程在地质资源勘探工作中的创新发展应用。针对这种发展现状，国家地质有关部门必须提高对探矿工程相关技术创新研究工作的重视程度，科学指导工作人员深入研究探矿工程技术，如定向式钻

井技术、快速钻井取样技术等，实现我国探矿工程技术的智能化、数字化发展，为地质资源勘探工作创造更多便利。

（二）矿山工程开采引发地质环境灾害

在矿山资源实践开采过程中，各种因素的影响将会对地层及地质结构造成不同程度的破坏，促使原有的地质结构系统发生一定的变化，这样一来就会发生大量底层断裂现象，从而相继引发各种地质环境灾害问题，威胁到人们的健康与安全生活。除此之外，探矿工程在地质资源勘探中的应用还容易引发泥石流、地震及矿山综采区作业面坍塌等灾害，造成大量工作人员伤亡和企业严重的经济损失。

（三）探矿工程专业技术人才匮乏

我国探矿工程应用发展存在专业技术人才匮乏和无法延续的问题，虽然有一些具有丰富实践经验和良好专业技术能力的老技术人员，但他们相继到了退休年龄，无法持续在工作岗位上投入更多的精力和时间。探矿工程青年技术人才队伍建设不够完善，青年缺乏老一辈吃苦耐劳的精神，不愿意投入探矿工程研究领域，导致我国探矿工程技术人才处于青黄不接的状态。对此，我国企业单位要高度重视培养高能力、高素质的探矿工程技术人才，安排资深老技术人员带领青年人才参与到实践工作中。政府要制定颁布相关扶持政策，大力发展探矿工程技术，以培养组建青年技术人才队伍，促进我国探矿工程循环发展。

三、探矿工程在地质资源勘探中实践应用的改进措施

（一）创新探矿工程相关技术，促进探矿工程专业化发展

现代探矿工程技术人员要提高对该项技术应用的重视程度，正确认识到该项技术在不同领域中应用的重要性，加强对探矿工程相关技术与设备的创新研究，促进其专业化发展水平持续提升。随着时间的推移，我国探矿工程技术将会朝着自动化及智能化方向发展，探矿工程技术将会进一步完善，探矿工程数字化发展融入各种先进设备、定位技术及数字测量技术，极大地提高了探矿工程在地质资源勘探中的价值。在目前市场中，地质资源勘探工作所采用的探矿工程钻探技术研究内容主要涵盖定向钻井技术、深部钻探及碎岩工具等。例如，定向钻井技术在地质资源勘探中的实践应用，技术人员通过科学使用先进的机电设备对地壳进行采样作业，有效获取对应的地层样本，然后安排专业人员对这些样本进行检测分析，科学总结出地质资源勘探结果，将其作为地层的准确地质信息。在进行探矿工程相关技术的创新研究发展时，还需重视规划技术与专业技术的协调发展，深入分析与了解我国探矿工程发展的应用现状，结合探矿工程在地质资源勘探中存在的问题，及时采取有效的改进措施，明确探矿工程技术未来发展的重点任务和内容。除此之外，我国探矿工程技术研究队伍要积极汲取发达国家钻探技术与配套工艺的发展经验，提高技术人员对

探矿工程技术的认识水平,探矿工程相关技术的应用不仅是对地质资源展开全面勘探作业,同时也是对地质环境灾害进行科学检测,为制定灾害预防治理方案提供科学依据。

(二)科学设计规划方案,健全组织协调体系

有关部门在地质资源勘探中运用探矿工程技术前,必须严格按照国家制定颁布的环境保护政策的相关要求与标准,科学合理地设计出总体规划方案。比如,在采矿区域范围内,规划设计人员要到现场调研分析,科学布局好现场采矿区的交通运输录像和信息通信系统。通过加强对探矿工程技术应用方案的规划设计工作,有效降低对周围地质环境的破坏影响,避免产生各种地质环境灾害。除此之外,探矿工程技术管理部门必须有效协调好矿区基础实施工程建设与地质资源勘探开发之间的关系,组建起完善的专业人才队伍,安排员工根据采矿区的实时天气情况和地质环境特点,充分做好采矿区灾害事故防范预警工作,提高对不同地质环境灾害的防控能力,保障全体员工的生命安全。在对现场采矿区进行日常治理改造工作中,管理部门必须明确不同部门的工作职责,制定完善的管理规章制度,确保采矿区各项生产管理指标能够符合环保要求。

(三)组建专业探矿工程人才队伍,提高探矿工程技术应用水平

目前,我国探矿工程在地质资源勘探工作中的应用存在技术人才匮乏的问题。探矿工程技术人员无论是在专业技术能力方面,还是在职业道德素养方面都存在不足之处,因此需要加强对技术人员的专业培训教育工作,通过以老带新的方式,让资格老的探矿工程技术人员辅导青年技术人员展开实践操作应用,提高探矿工程技术在地质资源勘探中的工作质量和效率,避免出现因工作不规范而影响地质资源的开发利用。在探矿工程勘探技术人才队伍建设中,要加强对高新技术人才的培养与管理,勘探企业要结合自身发展情况和条件,定期组织勘探技术人员参与各种业务培训,促使他们掌握最新的专业知识和技术,提高自身的业务能力和综合素养。

综上所述,探矿工程技术应用是地质资源勘探中的重要环节,为了有效发挥相关技术的价值作用,勘探企业必须加强探矿工程技术人才队伍建设,建立健全人才培养体系,引导技术人员深入开发研究探矿工程技术,促进探矿工程专业化发展水平的全面提升。

第三节　大型探矿工程在地质资源勘探研究中的应用

探矿工程是指与环境地质资源勘探或地下探井有关的地质勘探工作的综合,具体包括地质钻探和地质勘探两个方面。此外所有与地质勘探工作有关的其他工程(如地质交通运输、地质资源配给、相关设备动力配给等)也属于地质探矿工程范围。我国的探矿工程发展起步较晚,现阶段依旧处在发展初期,所以相关部门一直不断加大力度,研究相关设备

和技术理念。因为探矿工作对我国地质资源勘探具有重要的指导作用，再加上探矿工作涉及的工作环境和工作区域较为复杂，涉及的产业结构较广，能够延伸到我国各个领域，所以国家对探矿工程发展一直较为重视。因为地质环境和大型器械使用的影响，探矿工程存在一定的风险性，所以对相关从业人员地质工程理论基础和实践基础要求较高。而且随着我国地质资源勘探工作的不断提升，探矿工作的作用也越来越明显，当前我国地质资源勘探工作发展的重要任务就是不断加深大型探矿工作的研究力度。

一、地质勘探工作结构分析

（一）深层地质找矿

现阶段我国地质资源勘探工作主要勘探区停留在地下 300 米到 500 米，所以很多矿产资源不能被有效勘探或开发利用。根据资料研究统计，现阶段我国矿产资源开发速度远低于矿产资源消耗速度，所以整体矿产资源存储量随着现代工业的不断兴起和发展已经在逐渐变少。一方面是国家矿产资源储量不断减少，另一方面是国家地质资源不能得到有效利用。所以为了解决这一现有的内在矛盾，深部找矿工作成为地质资源勘探工作的重点内容之一。随着我国矿产资源问题越来越突出，对更深地层的探测越来越重要，所以必须加强地层 500 米以下矿产资源探测的研究力度，提高深部找矿效率。

（二）地球科学探测

地质资源勘探需要地球信息的支持，所以对于地球科学信息的获取也是地质资源勘探工作的核心之一。对地球信息的获取可以直接通过对地球陆地信息进行相关探测。一般需要配备专业的地球陆地探测设备和探测技术，从而对地球各层岩圈进行直观检测和信息获取。此外，通过地球科学探测，相关地质部门可以掌握地球地壳的物理组成及相关地质构造信息，并对其进行整体分类总结，了解地球地热构造，分析地球地下水资源状况，获取相关信息。

（三）新能源的开发

随着已知能源量的不断缩减，现阶段各地质资源研究机构开始着力研究新能源的开发与应用。如今成功开采的新能源主要包括天然气、地下煤层气、地质热能、干热岩等。天然气主要存储在地下水气化合物中，开采环境一般为海洋或陆地的地下冰层，也是我国现在地质资源勘探工作着重研究的工作区域。煤层气是未来主要的新型资源，但是对于煤层气的开采我国尚处于初级阶段，许多复杂的技术难关还未被完全克服，因此对其未来的开采发展依旧需要进行大量的实践研究。此外，热能也是现阶段我国着重研究和开发的新型能源之一。热能具有数量大、分布范围广、数量多、开采时间短、整体开采投资成本较低等优势。最重要的是，热能属于可回收和循环利用的绿色能源，具备其他能源所不能比拟的开采优势。对于我国目前的地质资源勘探工作来说，对新能源的开发和勘探关乎我国资源整体开采水平，也是现代地质勘探所需要深入研究的核心课题。

二、大型探矿工程在地质资源勘探中的作用

通过探矿工程技术，可以实现对地质岩层中的各类矿石进行精确探测。在现代地质遥感装置以及红外线探测器的支持下，不断提高地质矿源的探测精度。在地质勘探过程中，为了能最大限度地提高地质勘探范围，提高勘探准确率，必须建立高精度的真实地层岩体结构样本。而地质探矿工作时获取地质资源勘探所需样本的最佳途径之一——通过大型探矿工程的钻井勘探，可以实时获取最新样本，为后续地质勘探提供样品研究借鉴。所以从各方面来看，大型探矿工程对地质资源勘探工作具有突出作用，具体有以下几个方面。

（一）促进地质钻探技术发展

现阶段我国全国范围内依旧分布着大量尚未发现和开采的矿产资源。资料研究显示，在现代勘探技术和勘探工作的共同作用下，我国已经开采的矿产资源总量仅为全部矿产资源的三分之一，所以找矿、探矿工作依旧需要继续不断深化。但是因为我国矿产查询定位技术依旧处于初级探索阶段，整体综合理论水平和实际操作水平均低于国际平均水平，找矿深度较浅，所以必须加大对地质钻探技术的开发和研究，特别是岩层钻探技术的研究工作。但是从目前的实际情况来看，如果不能进行妥善解决钻探技术，很有可能会对后续的地质找矿工作相关战略的实施和综合理论研究产生不利因素。其中主要包括以下两种：第一是与传统工程技术领域相比，钻探作业工程的开展大多数是在矿山野外的环境中进行的，整体开展难度和作业难度较大，容易出现意外情况，风险系数较高。由于国内新生代技术熟练的钻探技术人员比较匮乏，所以在整体钻探技术发展创新方面难度较大。第二是部分地质勘探和钻探区的地层结构野外环境结构较为复杂，在整体作业过程中容易出现坍塌、掉块等意外事故，更加大了地质钻探的难度。矿产分布区多为构造区，地质条件复杂，大型探矿工程有好的内在应用技术，可以将钻探难度降到最低，其相关环境整合和意外防治等措施可以减小意外损失，促进地质找矿进度和相关技术的发展。

（二）提高地质取样精度

地质资源勘探的主流发展方向依旧以陆地为主，渐向海洋及深海发展。在相关探测工作的实施和理论发展过程中，所有的钻探、地形研究、地层研究、资源属性等综合性问题和技术难点均需要探矿工程的综合性应用予以解决。特别是现阶段的研究工作对地质环境探测精度要求越来越高，资源勘探地质学家对相关领域主要的研究发展方向，要求其必须通过钻探取样等各类相关钻探技术和样本技术获取目标陆地质地情况、资源蕴藏量、陆地深部情况等关键信息，并研究相关开采的可能性和开采措施。以上一切的资源研究工作均需要建立在精确样本获取的基础上。但是在实际工作中，我国相关部门地质取样技术和取

样设备设施比较落后，所以目前我国地质资源勘探工程人员在地质取样深度和精确度方面还存在一定问题。因此在地质资源勘探工作不断深化的大背景下，利用大型探矿工程的综合技术研究，带动我国地质取样技术的发展，不断提高样品获取精度，是当前地质资源勘探工作所需考虑的重要问题。

（三）地质灾害的防治

除了对地下资源的勘探外，大型探矿工程还可以作用于地质灾害的预防和治理工作中。当前我国一些大型探矿工程已经开始应用于西北干旱地区地下水井钻探工作中。通过对地下水资源的精确探测和定位，可以高效查找地下水资源，进大口径深井钻探。干旱是天然灾害，个人以为不可划归为地质灾害。其实石油钻就是深孔较大口径。此外，大型探矿工程还可以对地裂纹、水土流失等多种地质灾害进行综合预防。这一切的应用基础在于探矿工程的不断完善和发展。只有通过探矿工程对探测区域整体地质结构和各类地质条件信息进行整体了解后，才能对区域灾害进行高效综合性分析，从而进行灾害的预防和治理工作。

（四）促进探矿检测数据化进程

在现代地质资源勘探中，利用先进的网络信息化技术对地下岩石复杂结构的数字化分析可以极大地提高地质资源勘探效率。之前的地质勘探技术研究中，并未做到真正利用现代数据化监控系统改变地质勘探形式。大型探矿工程的工程设备引进，可以带动地质资源勘探的数字化发展。相关工作人员可以通过现代化网络机械设备，通过地质图像直接观测需要勘探的矿山区域，提高整体工作效率。

综合来看，大型探矿工程在地质资源勘探研究中主要具有以下作用：一是有利于现阶段我国未知矿产区域的矿产资源勘探和开发；二是有效改进设备取样技术，提高样品获取精度；三是可以有效预防环境和地质灾害，并可以通过探矿工程查询地下水资源，缓解区域干旱情况；四是极大地促进了我国地质资源勘探的数据化进程，提高了矿产资源勘探效率。

第八章 煤矿工程地质勘探的基本理论

第一节 煤矿工程地质勘探

本节分析了煤矿工程地质勘探的相关情况，对于提高煤矿开采效率及提高安全性都具有重要作用。

一、煤矿生产过程中的工程地质

煤矿工程地质工作涵盖矿井生产阶段，以及巷道工程地质、立井井筒布置检查孔及具体要求，工程地质勘探等对煤矿井筒工程的地质勘探。在掘进采准巷道和开采煤层中，若与预测情况存在较大的差距，应对设计方案进行修正。煤层开采过程中与采矿技术人员相配合，认真观测回采工作面初次及周期来压步距、支架下沉量、支护阻力等情况，深入研究冲击地压、煤与瓦斯突出、地表沉陷观测、底板突水等问题。

二、煤矿井筒工程地质勘探

（一）立井中布置井筒检查孔

在不复杂的煤矿水文地质条件下，应布置井筒检查孔与井筒中心相距 10 ~ 25 m 的范围，周围若存在其他井筒并相距不远，可在两井筒中间布置检查孔。但应注意，不可在井底车场巷道上方布置井筒检查孔。

（二）立井井筒检查孔技术要求

在终孔深度上，立井检查孔应比井筒设计深度超出 3 ~ 5 m，终孔直径大于 91 mm。立井检查孔应全孔取芯，在黏土中其采取率超过 70%，砂土中超过 50%，基岩中超过 70%，其他的超过 60%，并利用物探手段对层位进行测定。钻进完成后，不仅施工应采用钻探方式，还采用 C10 水泥砂浆封孔，将永久性标志设置好。

（三）煤矿工程地质勘探内容

现场对钻孔地层分层、描述岩性，基岩统计 RQD 值。室内对黏土、砂层的有关参数进行试验。

三、煤矿巷道工程地质勘探

主要运输巷道应对工程地质勘探专门布置，巷道施工前，对与巷道围岩稳定性有关的工程地质条件查明，为工程地质提供依据，选择巷道位置方向、评价围岩稳定性及选择围岩施工与支护措施。

（一）主要任务

对巷道围岩体地质类型及其物理和力学性质查明，对其工程地质特征进行分析。将岩体结构特征查明，尤其是穿越断层带的宽度、物质组成及力学特性等。将巷道附近岩体水文地质特性、原岩应力状态等方面情况查明。

（二）煤矿巷道勘探工程

勘探线和勘探孔的布置应沿巷道走向进行，在对巷道顶底板范围内的岩层，由钻孔采取全孔取芯和具有代表性的岩样，由实验室对采样标本试验，在软弱岩层和煤层应特别注意对其取芯，使扰动尽可能减少并确保达到相应的采取率，在取芯后采样即刻进行，将样本包装、蜡封后及时送检试验，使结果更加客观准确。

四、煤矿开采岩层移动工程地质勘探

岩层开采移动工程地质勘探主要是对关于开采岩土体工程地质特征、水文地质结构进行分析及综合评价，得到相应的物理力学性质参数，了解开采岩层内部规律性及开采导致的土体含水层渗流、固结机理。基于对煤矿工程地质、水文地质的详细勘探，对开采岩土体有关的工程地质特征、水文地质结构分别进行分析研究，进而得到岩层的大量物理力学性质参数，对开采岩层移动采取力学分析方法，确定开采岩层内部应力、位移、变形、破坏规律性及因生产开采导致的土体含水层渗流、固结机理，并与室内类似材料相结合进行模拟试验、观测验证岩层和地表移动等参数变化情况，从定性和定量两方面综合评价工程地质，得到比较客观真实的结果。

分别沿煤矿所处位置的地层走向和倾向对勘探线和勘探孔进行布置，钻孔设计涵盖地质、工程地质、水文地质及钻探等几方面内容，其中工程地质设计主要是取样要求及取芯直径、采样层位、深度、野外试验项目等。根据有关规范详细编录钻孔信息，在岩土层赋予开采煤层的工程地质勘探中应采取全孔取芯方法，工程地质孔取样应根据工程地质的划分类型，采用的岩样也具有代表性，并与实验室试验要求相符。采用双层管取芯方法对松散层、软弱岩层及煤层等取芯，通过扰动减少并确保采取率，在取芯后即刻采样，将样本包装、蜡封后及时送达实验室以用于试验。

第二节　煤矿地质工程勘探若干问题的研究

矿产需求量始终呈现上升的趋势，为了能够更好地应对矿区存在的开采问题，需将采矿前期准备工作完成，借助现有的矿产勘探技术可高效处理采矿区域的地质勘探任务。虽然当前的矿产勘探技术水平已有所提升，但是就当前的采矿活动来看，前期采矿地质环境勘探工作仍旧存有不到位之处。本节结合现有矿产勘探工作问题，研究标准化的地质勘探工作方法。

地质勘探工作已经成为很多大型工程项目的前期必要准备工作，包括采矿工作、建筑施工、水利建设等，这些工程的最终建设成果均会受到地质条件的影响。运用勘探设备与新型勘探技术可以帮助掌握地质环境的基本情况，在展开相应的地质勘探活动时，需对采矿区域的水文情况、地质构造进行了解，同时还要结合岩土环境来掌握相应的岩石与土层的力学性质，确定区域内存有的地质现象。完成现场勘探工作之后，还需进行持续的地质监测工作，对获取的地质相关信息加以整理，形成完整的地质勘探工作报告，评测地质环境情况，针对相对特殊的地质问题，预先确定相应的地质问题防范手段。

执行地质勘探工作任务时，主要需做好以下工作：首先需充分利用历史性的资料，包括已有的地震统计记录、地质遥感图片及存留的地质勘探报告，借助这些资料来全面地把握地质情况；在勘探区域展开测绘与地质调查活动，精准定位地质问题，深入开展地质勘探活动。结合地质环境状况来进行可靠的力学测试与试验活动，整理获取的各种地质信息后，可编制勘探报告。

一、地质勘探工作问题

（一）忽视地质勘探报告

勘探报告可直接将地质勘探工作成果有效呈现，所有的地质勘探工作都为制作地质勘探报告而服务。但是一些负责勘探采矿区域的勘探人员并没有对地质勘探报告形成正确认识，尽管前期引入了很多先进的勘探技术手段，但是采集的地质信息并未被有效整理，勘探报告的质量随之受到影响，这种缺乏专业性与条理性的勘探报告并不能给后续采矿工作提供参考性建议。勘探报告与实际的地质环境不相符，采矿人员在错误的地质勘探信息的引导下可能会出现破坏原有地质结构的情况，在损坏地质环境的同时，还会引发采矿安全事故。

（二）勘探周期设定问题

勘探工作主要是为了获取必要的地质信息资源，辅助后续采矿工作方案制定工作。勘探人员需结合勘探区域的状况来制定科学的勘探工作方案，确定应用的地质勘探仪器与技术方法的同时，还要配合采矿活动确定勘探工作周期，如果勘探周期设计得不合理，或者勘探人员没有按照勘探周期来完成勘探工作任务，就会导致地质勘探工作难以在预期时间内完成，采矿人员不能获取充足的信息资源支持，采矿工作的进度也会因此而受到影响。设计者在展开采矿工作方案的设计工作时，必须做好应对技术性障碍的准备工作，根据勘探工作经验，来设计出合适的周期，确保可以在规定的时间范围内，对地质系统进行全方位的勘探与监测。

（三）勘探安排工作问题

在初期安排地质勘探相应的事务时，工作人员需在勘探工作方案的指导下，综合考虑到多种可能出现的情况，结合地质环境特点来安排勘探工作。高效运用各种勘探设备，还需对勘探参与人员的技术水平进行考核，确定技术人员是否可以胜任勘探工作任务。前期的勘探安排工作没有做好，可能会使阻碍性因素形成于后续的勘探环节，技术培训工作未有效落实，勘探人员无法使用新型勘探设备，一些勘探经验不足的人员还会在地质勘探过程中出现违规操作，降低地质勘探工作的整体收益。

（四）技术管理问题

更多的高新科技可被引入地质勘探环节，勘探工作的负责人应当充分关注技术应用需求，强化技术管理系统，及时革新应用的技术管理系统，在勘探成本允许的条件下，运用新型勘探技术来提升勘探工作效率，增强地质信息的精准度。

（五）其他问题

标准意识差。具体表现为缺乏对相关文字的校对，公式和数据表示得不准确，图表不够清晰，名词、术语、符号、代号和计量单位与有关法规和标准不一致。对自身的认识不客观，对技术方案和作业方法分析过于草率，对设计思想的评价偏高。片面地追求节省经费，不按规定操作，其结果会累积大量误差，使工程精度下降。有时操作造成的误差没有及时被发现有可能使工程出现事故，造成很大的经济损失，威胁他人的生命安全。

二、勘探方法

加强室内外测试新技术和施工检测、监测技术的使用，通过其所获得的数据和资料，经过分析、对比，建立它们之间的经验关系，并通过工程施工检测、监测所获取的实测资料反算得到的参数作为对比依据，确保所提供的地质工程设计参数的可靠性。

严格执行建设程序、规范市场行为、推行全程化监理科学的建设程序应当遵循"先勘探、后设计、再施工"的原则。不按原则办事，必然会受到自然规律的惩罚。市场的规范，仅依靠勘探单位的自律机制是不够的，还需要建立有效的行业约束机制。一方面必须仰仗政府主管部门按国家的法律、法规，对项目招投标和实施过程中的行为主体进行全面有效的监督管理；另一方面应积极推行工程监理全程化，采用事前、事中、事后控制相结合的方法，最大限度地避免不当行为的发生，保证勘探质量和投资效益最大化。加强对勘探技术人员的定期培训，促进其综合素质不断提高。勘探单位施行内部岗位轮换制度，促成勘探各专业的技术交流、知识渗透，尽可能组织技术人员参加各种有关的学术活动和讲座，达到扩大勘探技术人员的知识广度和深度的目的。强调对新技术的应用和实践，如各类静力或动力有限元计算、基坑支护设计计算、沉降分析、数理统计、地基与基础协同作用分析、地震反应分析、渗流分析等。另外重视学习规范、规程中的条文说明，技术人员要认真研读，条文说明中有丰富的信息，对于提高我们的理论水平及正确理解规范、规程具有重要作用。

如果采矿单位想要形成安全的采矿工作系统，就必须要将初期的采矿工作方案制定妥善，为了获取更多可用的信息资源的支持，前期勘探地质水文环境条件的工作的实际重要性得以突显。就地质勘探方面的工作来看，现有的勘探问题必须被解决，否则采矿单位需要直接承担经济损失，在提升勘探技术水平的同时，还需结合勘探工作要求，展开勘探技术管理，确保地质勘探工作的规范性。

第三节　水文地质问题在煤矿地质工程勘探中的重要性

本节主要对水文地质问题在煤矿地质工程勘探中的相关问题进行分析，其中着重对水质问题在煤矿地质工程勘探中的重要性进行分析，以此规避水质问题对煤炭地质工程造成的危险，增加对相关工作的重视。通过对水文地质问题在煤炭地质工程勘探中的重要性分析，以期促进能源开发、促进发展。

水文地质勘探是非常重要的，对于地质勘探工作而言。对水文地质问题进行重视是煤矿工程勘探中比较重要的内容，水文地质工作能够对地下水资源进行相关的调查和利用，从而能够相应地降低煤矿地质工程的危险性，在一定程度上减少对生态环境的破坏，对煤矿地质工程的发展具有重要意义。

一、水文地质概述

研究自然界地下水运动即是水文地质，这里需要提及另一个相近的名词——水文地质学，其主要研究地下水的物理以及化学性质，对研究的结果结合实际进行相关方面的应用，如对地下水进行科学合理的应用，使得矿山开采等工作中的不稳定因素减少，降低危险系数。对煤、煤层以及煤岩系地质等内容的研究即是煤矿地质工程。很多因素，如含煤岩石的特质、自然条件变化及地下水的相关运动等，都能够对煤矿工程产生相应的影响，如果不处理好相关的勘探工作，便不利于煤矿开采工作的开展。但在现阶段的煤矿地质工程勘探过程中，对水文地质问题缺少重视，在相关的勘探中，一般对于地下水资源仅进行一些较为简单的分析，因此便会造成一些安全隐患或者问题的出现，影响煤矿工程的顺利开展，导致人民群众财产安全不能够得到有效保障。

二、现阶段地下水运动造成的影响

由于煤矿地质勘探中对水文地质问题的重视有待提高，因此地下水的水位变化以及变化频繁等问题会对相关的岩土工程产生不利影响。

（一）地下水水位变化导致塌陷

地质因素是造成地下水位上升的关键因素，另外自然降水和温度等因素也会对地下水位上升产生一定的影响。对于地下水对应位置的土地，如果出现相关的问题，如沼泽、土地盐渍化作用都能对相应的地下水产生相关的影响，增加腐蚀性，长久下去会对周围的生态环境产生较为严重的影响，土层塌陷是其中的结果之一。如果说造成地下水的主要原因是自然因素，那么地下水的下降则主要是由于人为导致。在进行相关的工程时，会抽取相当大一部分的地下水面积，对缺少水源的地方进行补充，虽然在一定程度上能够降低缺少水源地方的水资源压力，但同时也造成了地下水位下降，被掏空，没有相应的支撑，自然而然使得土地出现塌陷、沉降的情况，造成一定的安全隐患，不利于人民生命财产安全，对社会的稳定也会有一定程度的影响。

（二）地下水变动频繁降低地面承重能力

在相关的煤矿工程工作开展过程中，如果地下水水位长期变动频繁，会使地面变形，而且如果不加以改善，变动的面积更大，从而对相关地面的建筑物等造成损害，损害人民生命财产安全，并且会对相关资源造成一定的浪费，不利于进一步的发展。此外，如果地下水进行渗透，会使得土质中的一些成分流失，降低了相应的地面承载能力，造成一系列的恶性循环，对于地面的相应建筑物工程等方面的施工也会产生一定的影响，不利于社会的进步发展，以及社会秩序的安定。

（三）现阶段的水文地质问题研究

水文地质问题在煤矿地质工程勘探中具有重要作用，对于地下水运动研究需要进一步重视及深化，就此主要对现阶段的水文地质问题研究进行相关分析。

1. 重视水文地质问题研究程度有待提高

作为重要的水文地质工作，部分相关负责人员重视水文地质的程度需要提高。对于煤矿地质工程中的水文地质问题，需要进行深入以及详细的分析，加强相关的调查和研究。同时相关的勘探人员在进行相关方面的勘探时，对于水文地质方面缺乏勘探意识，对于实际情况中的水文地质勘探缺乏精准的认识，从而不利于相应的煤矿地质工程勘探工作的完善，对地下水造成安全隐患，缺乏相关的预见性，容易在相关的工程开展过程中，增加相关的困难以及安全隐患，不利于更进一步的发展。

2. 水文地质问题研究问题的方向

现阶段的水文地质问题探究的主要是地下水水位变化以及水动压力。对于相关的地下水位变化，受自然和人为两方面的影响，地下水出现升降的不同情况。在开展相应工程时，会对地下水造成一定的影响，从而使得地面出现相关联的问题，不利于相关建筑物的工程施工，以及人民的生命财产安全。水动压力的变化，会使得地下水渗透，土壤中的部分物质流失，使得土壤坚固性缺少，产生地面塌陷、破坏生态环境等问题，土地载重能力降低，影响地面的建筑工程的发展，因此进行科学准确的水文地质问题研究是十分重要的，促使对地下水进行合理的利用，减少对地面的损害。

第四节　煤矿采空区工程勘探方法

在煤矿采空区分布的场区进行工程建设，应按基本建设的程序进行岩土工程勘探，煤矿采空区属于地下隐蔽的、复杂的、地表变形范围大、容易引发地质灾害的不良场地，对地面建筑及设施危害极大。而各地区的地质条件，开采技术水平差异很大，在不同的矿区及行业间采空区勘探方法存在较大差异，本节就煤矿采空区勘探方法做一总结探讨，以利于今后工作的开展。

一、煤矿采空区的分类

煤矿采空区的分类方法很多，可以按开采方式、顶板管理方法、采深及采深采厚比、开采时间、开采的规模等进行分类，不同分类方法都对应着不同的采空类型以及特征。

（1）按开采方式分类：可以分为长壁式开采、短壁式开采、房柱式开采、条带式开采、巷道式开采等类型，或者分为壁式开采（长壁式或短壁式）及非正规的开采类型。

（2）按顶板管理方法分类：主要为壁式开采的陷落法顶板管理方法，非正规开采的简单顶板支护或不支护任其自行垮落的管理方法。

（3）按采深及采深采厚比分类：①浅层采空区，采深小或采深采厚比小于30的采空区；②中深层采空区，指采深在 50～300m 之间，采深采厚比在 30～60 之间的采空区；

③采深在 200 ~ 300m 或者 300m 以上，采深采厚比大于 60 的采空区为深层采空区。

（4）按开采时间分类：分为老采空区，新采空区及未来采空区。

（5）按开采的规模分类：可以分为大规模或大面积采空区、小规模小窑采空区。

（6）按煤层的倾角可以划分为水平或缓倾斜采空区（15° 以下或水平）、倾斜采空区（15° ~ 55°）、急倾斜采空区（55° 以上）。

二、各类采空区的特点

按开采方式及顶板管理方法分类：

（1）长壁式开采陷落法顶板管理方法，采空区特点为地表变形移动十分剧烈，在采空区覆岩范围形成自下而上的"三带"——垮落带、断裂带、弯曲变形带，移动变形范围大，移动变形经历初始期、活跃期、衰退期，移动变形延续期时间短，采空区顶板完全陷落，垮落充分，采空区空洞率很小。移动变形规律强，地表形成典型的地表移动盆地。

（2）短壁式开采陷落法顶板管理方法，采空区特点为地表变形移动剧烈，变形移动范围大，亦可以形成自下而上的"三带"或"三带"部分缺失不完全发育，移动变形延续期较长、壁式开采略长，采空区顶板完全或绝大多数陷落，垮落较充分，采空区的空洞率比长壁式略高，移动变形规律较强。地表移动盆地发育不典型。

（3）房柱式、残柱式、条带式开采，顶板简单支护，开采后自由垮落，采空区特点为在采空区残留有大量的采空空洞，多数巷道及开采空间顶板发生冒落、垮落，分布范围及规模较小，采深较浅，采空分布不规则，呈片状、网状。当采深较浅时往往会引起地表塌陷、抽冒、开裂等破坏。空洞率高，回采率低。中、深层一般没有地表移动变形或破坏迹象，浅层采空地表移动变形具突发性，无规律。

（4）巷道式开采，简单支护或不支护开采后自由垮落，采空区特点为采空区呈不规则网格状、树枝状分布，纵横交错，采深较浅，范围较小，残留大量空洞，顶板多已冒落或垮落，当采深较浅时引发地表的开裂及塌陷，空洞率很高，且回采率较低，中深层采空一般没有地表移动变形及破坏迹象，浅层采空可能出现突发性的非连续性变形和移动破坏，开裂、塌陷等。

三、各类煤矿采空区的勘探方法

煤矿采空区勘探工作可以根据工程建设规模、工程的重要性、场地复杂程度、特别是采空区的复杂程度和特点等划分为可行性研究勘探、初步勘探、详细勘探。在场区地质资料、开采资料及岩土工程资料较丰富的地区可合并勘探阶段。

煤矿采空区场区的勘探工作主要应查明如下内容：

（1）查明覆岩性质、矿区地质条件、矿区地质构造发育的情况，矿区水文地质条件；

（2）查明开采煤层范围分布、开采时间、采深采厚及顶板管理方式顶板垮落、采空充填状况、连通状况等采空区特征或特点；

（3）调查矿区地表移动变形规律及分布特征，引发地质灾害的情况；

（4）调查地表建（构）筑物破坏的状况，并分析与采空区的关系，以及防治经验。

针对采空区本身的特点，不同的采空区应采取不同的方法。

（一）长壁式或短壁式开采陷落法顶板管理方法的采空区场地的勘探方法

可行性研究阶段：以搜集矿区的地质资料、水文资料、开采资料为主要手段和方法。结合地面调查、工程地质测绘，在此基础上可以采取少量地面钻探、物探工作作为辅助的手段，初步查明采空区分布状态，对采空区场区的地基稳定性、建筑适宜性做出初步的评价，满足选址要求。

初步勘探阶段：搜集矿区的地质资料，如矿井的生产地质报告，矿区及周边的煤炭资源详查地质报告。搜集矿区水文地质报告及井下水防治的专项报告等资料。搜集矿井的采掘工程平面图、采区平面布置图、井上下对照图等煤炭开采方面的资料。进行现场的调查，工程地质测绘，对地表移动变形的程度及地表移动变形分布进行分析研究，在初勘阶段为加深勘探工作的程度和深度，可布置较大间距勘探线点对场区进行控制，以钻探手段为主，辅以井探、槽探和其他必要的物探手段，对场区的稳定性和适宜性做出分区评价，满足初步设计或总平面布置图的要求。

详细勘探阶段：进一步搜集或调查矿区地质、水文、地质构造、开采布置、开采方法、顶板管理方法及地表移动变形观测资料、覆岩类型及塌陷方面的资料。收集和拟建场区相关的矿井基本的矿图：①井田区域地形地质图；②采掘工程平面图；③主要井巷道布置平面图；④井上下对照图；⑤综合柱状图或场区及周围有代表性的地质柱状图等图件。以前期收集掌握的资料为主要依据，结合建（构）筑物布置情况，以钻探为主要手段，按详勘阶段要求的间距布设勘探线网，一般性钻孔满足常规要求，以控制受力层为主。控制性钻孔要求深度达到有影响采空区或煤层底板，并深入煤层底板一定深度，控制地层结构。满足地基稳定性、地基变形、基坑工程、地基处理及采空区评价和采空区治理工程设计的要求。钻探用以查明弯曲变形带、断裂带、垮落带的发育和空间分布，其岩石质量等级，岩体完整性、密实程度、充水情况等。重点观测描述钻进中冲洗液的消耗、漏失，卡钻掉钻，钻进速度变化，水位，岩芯的采取率等状况。地面调查及测绘采用大比例尺标注开裂、塌陷、台阶下沉，以及地表崩塌滑坡的发育和规模，标注井口位置方位尺寸等。工程物探可采用跨孔物探、孔内摄像、测井等手段对采空塌陷充填直接探测。根据建（构）筑物的重要性及工程特点及采空区的实际状况进行地表或表层变形观测或监测。在详勘阶段对采空区场区稳定性、建筑的适宜性、建筑地基的稳定性做出详细评价，并提出治理的方案措施，满足施工图设计的需要。

（二）小煤窑采空区勘探方法

针对小煤窑及规模较小的煤矿煤炭开采所形成的采空区特点，该类采空区的勘探手段和方法应分为以下几部分进行：①场区所在的村镇及周边调查，寻找走访老矿工、村民等熟悉或了解当地煤矿开采历史的人员，初步掌握开采煤层、开采时间、开采方式及顶板管理方法、开采范围、开采延伸方向、井口（井筒）位置、产量、回采率以及井下水，充水或抽排水等有关采空区的基本情况。②现场调查或测绘，查明场区岩土分布、地质时代、地层结构的出露状况。测绘标注可能和采空区有关的裂缝、塌陷等地表破坏的遗迹，以及居民住宅和设施的破坏情况。③调查场区及周边汇水及排泄条件、井下充水的可能性等。④在当地政府主管部门搜集可能存有的小煤窑、小煤矿的采掘资料。采掘工程平面图、采区布置图、矿井充水性图、开采煤层的底板等高线图、综合地质柱状图等地质、水文、采掘图纸资料。⑤根据场地条件及采空区的赋存特征，在资料掌握不充分、不可靠的条件下，采用必要的物探手段，可采用电法、电磁法、地震、地质雷达等物探方法对场区及影响范围进行探测，不管采取何种物探手段必须结合已掌握的采空区资料进行分析解译，区分有用信息与干扰信息，进行综合判译，并对物探异常区或范围进行及时的验证。⑥小窑采空区分布的场区最主要的勘探手段为钻探，也是最可靠的手段。通过钻探查明场区岩土层的地层结构，采空区顶板及覆岩的岩性，坚硬程度、完整性、风化程度、岩石质量等级、垮落开裂情况，以及采空区空洞的埋深（可采煤层埋深）、采空充填情况、垮落冒落岩石的密实状况、充水情况等。探测采空区的钻孔（控制孔）应钻入有影响的采空区底板以下一定深度（不小于 3.0m）。钻进除了常规的观测描述外，重点关注钻进过程中冲洗液的消耗、漏失，钻井速度的变化、卡钻掉钻，采取率（破碎情况）、垮落岩体、岩块对采空空洞的充填情况、采空充水情况、地下水位等与采空特性相关的现象或指标，并对采空中可能存在的有害气体取样或采取防范措施。场区探测采空区的深孔或控制孔要满足采空区评价及治理工程的需要，每个场地不少于 3 个孔，高层建筑为密集建筑群时，每栋单体建筑至少要有一个孔，场地条件及地下采空区情况复杂时应增加孔数。

地质条件的差异性及煤矿开采技术水平的差异导致煤矿采空区复杂多变，做好勘探工作，才能为采空区评价和治理提供可靠的依据。希望通过不断地归纳总结采空区勘探方法，提高煤矿采空区场区的岩土勘探质量，为矿区建设做出贡献。

第五节 煤矿小型地质构造的预测方法

大中型地质构造一般是井田边界，生产中常遇到的地质构造主要是各种小型地质构造。小型地质的构造因为构造类型不一样，挖掘的时候采取的方式也不一样。所以，对于小构造类型的掘进对策，对于煤矿的安全生产是具有一定现实意义的。本节讲了一般见到的小型地质构造的类型，阐述了小型断层定向预测的方法，以及回采工作面中的断层定位预测方法，对不同地质构造下的巷道挖掘提出了相应的对策。

预测的时候，先要综合分析勘探资料和矿井实际揭露资料，了解矿井内部的特征，依照已施工的掘进对正施工巷道的前方进行定向预测，再综合分析井下物探资料，提供预测图纸，确保生产的顺利进行。

一、煤矿地质小构造类型

（一）小褶皱及其类型

小褶皱一般情况下有小型背斜和煤层的顶板挠曲的构造，但是顶板挠曲的构造是最重要的，这种构造的规模相对比较小，一般是不规则的，会导致煤岩层的严重变形，进而破坏巷道支护的环境，严重的也会发生伤人的事故。

（二）小断层及类型

在掘进的时候，会发生小断层的标志是煤层顶板和底板的位置发生偏移，常见的小断层有正断层、逆断层。小断层的落差一般在 5m 之间。小型正断层中的反倾正断层比较多，断层面倾向与煤层面的倾向刚好相反。断层面比较平整，围岩稳定性比逆断层好一点。小型逆断层中同倾逆断层比较多一点，断层面的倾向以及煤层面的倾向是相同的。这个断层面比较凹凸不平，地层的倾角也相对比较大。还有逆断层的上下两个盘煤层也会出现有小的褶皱，会导致恶化巷道支护的条件，巷道的过构造也就比较困难了。而破碎带是受地质构造的影响比较严重，致使一些煤岩层的应力相对集中，煤岩层会发生破裂但是不会发生较大的移动。小裂缝也会消减岩石的硬度，所以，巷道的支护就更加困难了。

（三）复合顶板及其类型

顶板由老顶、直接顶及伪顶组成。部分煤层顶板在伪顶及直接顶的中间会有薄薄的煤线，也有时有好几层煤线，以及薄岩层的互层，所以就有了复合顶板这种类型。这种顶板会影响巷道的支护环境，也相应地增加了难度。

二、各种地质构造掘进方法

$a(i, k')$ 表示数据点 i 对点 k' 的认可度（归属度），$r(i', k)$ 表示数据点 k 对其他点的吸引度.

掘进巷道过逆断层，煤层重叠是巷道过逆断层的主要表现。当巷道由下向上过的时候，留意上顶重叠的煤层冒顶，必须加大顶板的支护工作，要使用加密的棚距。在巷道由上向下通过断层的时候，要把巷道坡度调大打板通过。

掘进巷道特厚的煤层底板的时候，巷道在过特厚煤层底板掘进时，上顶会破碎的，在这样的状况下巷道掘进的时候应加大防护工作。

三、断层定向预测的措施

矿井在掘进的时候，前方的隐伏断层会导致另一盘煤层发生变化，也会出现沿煤层的巷道自此迷失了前进的方向。所以寻找煤层并确定巷道掘进是定向预测的目标。现在一般使用下列几项措施来预测：

（1）层位对比措施，首先按照巷道的断层和煤岩层的层位对比，再依据矿井标志层和煤层顶底板的特点，只有经过层位对比明确断层的形状和断距，才能够找到煤层的方向，因此找到定向预测的目标。煤层的顶板掘进可能会遇到断层，另一盘岩属于灰白色的细砂岩石，找到断层的形状以及落差是很困难的，因此，在巷道的迎头位置要安排一个垂直的朝下的孔，钻孔也能够判断矿井的标志层，根据断层形状明确本断层，能给掘进明确前进的方向。借助标志层明确断层的性质和落差，对多煤层的矿井，因为断层的因素经常把不一样的煤层结合在一起，所以才使沿煤层掘进的巷道产生串层的情况，还不容易确定断层是否存在。

（2）类推法。在对资料进行分析和整理之后，找出其中的规律。按照这个规律可以明确巷道所遇到断层的类型，而且，也可以寻找煤层和巷道的方向。类推法帮助巷道施工指出正确的方向，确保施工能够顺利地进行。

（3）比较法。比较法是在巷道碰到断层之后，和相近的巷道或者是上下的煤层，巷道实测断层的类型之间的比较，所以，确定了新的断层的类型，就能够完成定向找到断失煤层的目标。

四、根据小型的构造找到煤层

煤岩层附近的断层会发生变化，一般情况下，会弯曲变形。然而弧形弯曲的方向就是这个盘移动的方向，而这个锐角的朝向是另一个移动的方位，也就是寻找煤的方向。因为断层两个盘的相对移动往往会在断层带里面形成煤和岩层的碎块，如果跟踪它们，尤其是跟踪煤线就可以找到断失的煤层。还有，按照断层带里面的构造透镜体和断层面上的擦痕，可以初步判断断层两盘的相对移动方向。

把新揭露的断层形状资料绘到煤层立面投影图、等高线图和水平切面图上，这也叫作作图分析法，在将断层与同水平，以及不同水平的巷道上已经知道的断层比较之后，再进行综合分析对比，如果是断层和已经知道的断层的类型是一样的，或者说特征也是相似的，并且也能够连接起来的话，这样就可以判断这个断层就是已经明确的延伸，所以这个断层的形状以及大小也是可以确定的了，所以，也可以经过指示寻找到煤层，并且完成定位预测的目标。

发生断层的时候，在经过观测和分析之后也不能知道断层的类型，或者是断层性质搞明白了，但是就是断距没有办法确定，但是在生产的时候又要查明断距的，现在就应该用生产勘探的方法解决问题。这种办法有巷探及井下钻探两种情况。在断层的类型以及断距都不知道的状态之下，但是生产的时候又要在查明原因之后，才能知道巷道的方向的时候，就要用钻探了。在断层的类型已经确定之后，而生产的时候又需过断层的巷道的时候，就要使用巷探了。使用钻探的手段找寻断失的煤层，使用斜眼和石门等巷探的手段过断层找寻煤层。

五、回采工作面中小断层的定位预测

要保证掘进工作顺利进行就需要进行定向的预测。这项工作结束的时候，在采区工作面形成之后，就需要定位预测采区工作面的小断层。尤其是在回采的机械化不断提高的时候，更需要对工作面中定位预测的精确性、确保采煤的方法和采煤设备提供保证，确保生产顺利进行。还有就是在建造复杂区的时候，可以按照巷道四壁的断层展布，然后根据工作面的布局再布置一些巷道，不仅能够当作巷探的巷道，研究出其构造，还能够作为生产巷道使用，一举两得。

第九章　煤矿工程地质勘探的创新研究

第一节　露天煤矿矿山地质环境治理恢复技术

通过对位于祁连山国家级自然保护区内肃南裕固族自治县西大口煤矿矿山开采引起的矿山地质环境破坏进行调查，发现矿区存在不稳定斜坡、地面塌陷及泥石流等地质灾害，水土流失剧烈，自然景观破坏严重，影响了自然保护区建设的发展，需进行矿山地质环境恢复治理，方案采取工程措施和生物措施相结合的方式进行综合治理，以消除矿区地质灾害隐患，恢复矿区生态地貌景观。

一、矿区基本情况

肃南裕固族自治县西大口煤矿原为开采多年的罗其生煤矿和大河煤矿整合而成的矿山。由于开采技术落后形成露天采场，各开采面均无安全开采平台，为自上而下一面坡，由于岩石裂隙发育，危岩体随处可见，对当地居民生命财产和人身安全存在极大的隐患，自然生态破坏极其严重。

二、矿山地质环境现状

（一）气象水文

矿区位于河西冷温带干旱和祁连山高寒半干旱气候区的过渡地带，具有典型的大陆性气候特征。区内年平均气温 3.6 ℃，年平均降水量 250～350 mm，最大冰结深度可达 0.95 m，一般为 0.4～0.7 m；区内常年多风，风向一般为东南或西北，风力 2～4 级，最大 6～8 级。

矿区无长流地表水系，有西大口沟及两条支沟南岔沟和雁坎沟，均为季节性洪沟，仅在降雨时节有水流，其余时段为干沟。除此之外，区内小型冲沟发育，沟短、坡降较大是其主要特点，剖面形态多呈 "V" 形。

（二）地形地貌

矿区位于肃南裕固族自治县大河乡西大口一带，为祁连山与河西走廊交接地带，区内高程 2220 ~ 3134 m，地貌类型为构造侵蚀中山区和侵蚀堆积沟谷区。

（三）地层岩性

肃南裕固族自治县西大口煤矿矿区第四系广泛分布，分布于山体中下部的残坡积层和沟道内的洪积物，均以结构松散的碎石土为主。矿区主要含煤地层为侏罗系中下统龙凤山组（J1-2l），上部为灰 ~ 灰黑色石英粗砂岩、细砂岩、粉砂岩；下部为灰白色中、粗粒砂岩，沙砾岩，地层总厚为 478.54 m，煤层总厚为 1.05 ~ 6.86 m，平均 4.4 m，含煤系数 0.9%。

三、矿山地质环境现状

通过多次对该矿山进行实地调查，该区主要存在以下地质灾害隐患：

（一）矿山开采导致地面塌陷

煤矿被采出后，开采区域周围的岩体的原始应力平衡状态被破坏。上覆地层位于 2 个压扭性逆断层之间，岩石在构造引力作用下，结构破碎，完整性差，煤层顶板冒落带直通基岩面，至上部松散覆盖层向下塌落，形成塌陷坑，地层的倾斜位移在地面形成地裂缝。现状条件下，矿区内分布 3 个塌陷坑和 4 条地裂缝。塌陷坑地面形态呈不规则椭圆形，长轴直径 13 ~ 40 m，短轴直径 10 ~ 15 m，坑壁直立，深度 5 ~ 8 m，坑壁岩性为第四系全新统冲洪积碎石土，碎石含量大于 60%，呈棱角状，磨圆度差，碎石土呈粗细颗粒物质互层结构，结构中密，坑壁局部滑塌溜方，堆积于坑底，上游坑壁有水流冲刷痕迹。地面塌陷区出现 4 条地裂缝，其中 1 条延伸长度 50 ~ 70 m，裂缝宽度 5 ~ 10 cm，裂缝错落距最大 8 cm。

（二）矿渣堆置产生泥石流灾害

区内有两条泥石流沟，即雁坎沟（N1）和南岔沟（N2），两条泥石流沟类型、特征相似，流域形态呈扇形，流域沟谷深切，呈"V"形，按照流域形态划分，为沟谷型泥石流，可划分形成区和流通区，无明显堆积区。沟道堆积物为碎石土，按泥石流物质组成划分，属稀性泥石流。

矿区有 4 个矿渣堆弃到坡脚河道内，挤占沟道较为严重，堆弃位置使沟道明显变窄，由于坡脚未设置有效的拦挡，雨季来临时，成为新的泥石流物源，从而加剧了泥石流灾害的强度。沟内水量剧增，在冲刷搬运等作用下，矿渣堆积体很容易失稳，进而形成矿渣滑塌及泥石流灾害。

（三）露天采场开挖及矿渣堆置形成不稳定斜坡地质灾害

矿区内不稳定斜坡主要为废弃的渣堆边坡和采坑边缘斜坡。典型 X1 不稳定斜坡，为人工开挖形成的露天采坑边缘不稳定斜坡。斜坡岩体位于西大口向斜轴部，在挤压作用下，岩体破碎，完整性差，岩性为侏罗系中下统龙凤山组沙砾岩、粉砂岩，斜坡岩体结构破碎，常见局部掉块，岩体崩落的可能性较大。

不稳定斜坡 X2 为废弃的渣堆形成的边坡，位于露天采场废石弃渣排弃的过程中，沿山梁两侧顺坡溜土至坡脚沟道内，未经碾压夯实，斜坡物质结构松散；坡肩裂缝发育，裂缝宽 5 ~ 20 cm，沿坡缘展布，斜坡处于蠕滑阶段；坡脚为雁坎沟沟口位置，因渣堆挤占沟道至沟道变窄，在暴雨条件下沟内泥石流冲积物冲刷坡脚至坡体失稳发生滑坡灾害的可能性大。

（四）矿山开采导致含水层结构的破坏

西大口煤矿主要含水岩组为侏罗系中下统龙凤山组，由沙砾岩，粗中、细砂岩及砂质泥岩组成，富水性弱。但区内断裂构造发育，主要为以压扭性断裂为主的逆断层，断层带两盘岩石破碎，孔隙发育，透水性强，往往成为赋水区域，不仅破坏了含水岩组的空间完整性，还阻断了含水层的水力联系。

矿山在露天开采过程中由于乱挖乱采及开挖后未进行支护，围岩应力失去平衡，产生一系列裂隙，矿山开采将不可避免地破坏该区域的含水层结构。

（五）矿渣堆放对地貌景观的破坏

该矿区位于祁连山，为国家级自然保护区。该煤矿已开采多年，原有地貌已遭到破坏，地表植被已消耗殆尽，仅生长少量植被，基岩裸露，废石弃渣无规律堆放，对山体自然景观破坏极大，使自然生态环境极度恶化，与自然保护区极不相称。

四、矿山地质环境治理方案

（一）泥石流排导工程

该工程分沟道段导流堤和山体开挖排导槽工程两部分。设计在原大河煤矿副井井口以西 440 m 处为导流堤起始端，以 108° 方向延伸 385 m，再开挖排导槽起始端接至导流堤终止段，以 108° 方向延伸 440 m 接至另一冲沟内。设计排导槽断面为梯形，设计开挖排导槽底宽 2 m，坡比 1∶0.2，排导槽深度就地形变化而定，沟床坡比 1∶17.6，开挖排导槽剥离废石选择合适地段就地堆放，矿山开采结束后回填采坑。

沟道段导流堤顶宽 0.5 m，底宽 1.44 m，高 3.2 m，地面以下埋深 1.2 m，地面以上 2.0 m，面坡比 1∶0.2，背坡直立，砂浆强度 M10，块石强度 M30，表面采用 M10 水泥砂浆勾凸缝，顶部采用 C25 混凝土压顶，厚度 20 cm，间隔 10m 设置伸缩缝，缝宽 2.0 cm，缝内填塞浸沥青木板。

（二）塌陷坑、地裂缝回填工程

采矿塌陷区 4 处塌陷坑，塌陷坑坑壁直立，深 5 ~ 8 m。矿区形成三处渣堆，渣堆土方能够满足回填塌陷坑及裂缝所需土方，剩余方量可就地整平。回填时，采用逐级回填的方法进行施工，即先回填塌陷区底部，用开采时产生的粒径较大的废石对其进行回填，然后回填其中心区和上部，用粒径较小的废石对其表层进行回填。

（三）排土场压实、逐级放坡

生产期将产生废石剥离量，主要为工业场地建设多余废石弃渣、渣堆清理回填塌陷坑和地裂缝剩余量和削方量，均拉运至排土场堆放。排土场废石弃渣堆弃的过程中，要逐层碾压并按照 1 ：1 坡率逐级放坡，每级坡高 4 m，顶部平台宽 1 m。

（四）边坡危岩清理工程

生产期间对露天采坑边坡及工业场地后缘边坡危岩、活石进行及时清理，保护场地作业人员和设备安全，预计五年内共需清理危岩方量 7000 m^3。

（五）不稳定斜坡挡渣墙、坡体切削工程

对不稳定斜坡坡脚修筑挡渣墙，坡体分 5 级放坡，每一级高 4 m，坡比 1 ：1，中间平台宽度 1 m，斜坡放坡削方量拉至拟建排土场。挡渣墙高 3.2 m（其中基础埋深 1.2 m，地面以上墙高 2.0 m），墙顶宽 0.5 m，墙底宽 1.14 m，胸坡比 1 ：0.2，背坡直立。墙体砌筑材料采用 M10 浆砌块石，顶部采用 C25 混凝土压顶，每隔 10m 设一道伸缩缝，距地面 30cm 以上设置两排泄水孔，两排泄水孔的间距为 1.0 m，呈梅花形布置，内置 ϕ110PVC 管，排水管坡率 5%，进水口用反滤土工布包裹，泄水孔进水端以下填筑厚 30cm 的黏土（压实），墙背填筑厚 30 cm、直径 2 ~ 5 mm 的砾石反滤层。

（六）土地复垦与植被重建

为了与该地区生态环境相协调，治理区后期植被重建过程中，植物体系主要选择乔灌木类、草本类植物。植物体系的选择主要遵循以下原则：

（1）首先对矿区及周边的植物种类进行调查，通过观测筛选出适应性较好的种类；

（2）采集初选植物的种子，选定不同场地条件进行播植试验，通过评价成活率、生长表现等指标，筛选出复选植物种类；

（3）用复选植物体系进行治理区的绿化施工，评价施工效果，确定可应用推广的植物种类，并大量繁殖推广。

地质灾害隐患的解决是矿山地质环境治理的基础，必须要首先消除地质灾害隐患，才

能保障矿山生产的安全；恢复土地、植被资源，营造矿区良好的生态环境是矿山地质环境治理的最终目的。通过以上工程措施及植被重建等生态措施治理，不仅消除了矿区地质灾害隐患，恢复了土地利用类型，提高了土地利用率，还改善了矿区的地质环境，实现了矿山与当地生态环境之间的协调，从根本上解决了矿山对当地建设的影响。

第二节　煤矿地质勘探与安全生产

在我国的煤矿生产过程中，煤矿的地质勘探工作是非常重要的技术工作。作为煤矿安全生产的技术前提，我国的煤矿地质勘探工作能够有效地保障我国的煤矿安全生产，能够保障正常、有效地开展煤矿开采工作，同时煤矿地质勘探工作能够在煤矿生产的经济性上提供非常大的技术便利和支持。因此目前我国的煤矿生产过程中要对煤矿地质勘探工作给予足够的重视和支持，只有保障了煤矿地质勘探的工作质量及技术开发，才能最大限度地保障煤矿生产的安全有序。随着我国经济以及技术的不断发展和提高，我国对于煤炭资源的需求量也在不断增多，为了加大煤矿的开采速度，提升煤矿的开采量，我国的煤矿应该在生产的过程中重视煤矿的地质勘探工作，虽然我国的煤矿地质勘探工作目前取得了非常大的成绩，在煤矿安全生产的过程中也取得了较好的效果，但是在实际的煤矿地质勘探工作过程中，还存在着一定的问题，由于我国对于煤矿安全生产不断提高重视和监督管理，需要我国的煤矿地质勘探工作不断地进行创新和改进，因此煤矿地质勘探工作过程中出现了一系列问题需要给予妥善的处理和解决，只有有效处理煤矿地质勘探工作中遇到的问题，才能够保障煤矿地质勘探工作更好地发挥其应有的作用。下面针对进行详细的阐述。

一、在我国煤炭生产开采的过程中煤矿地质勘探工作的重要意义

在我国的煤矿生产过程中，煤矿地质勘探工作是较为综合的工作，具体体现在三个方面。首先是煤矿地质勘探工作涉及了多个煤矿相关的专业，其次是煤矿地质勘探工作涉及多种勘探工序，最后是煤矿地质勘探工作涉及多人勘探及多次勘探。上述的三个方面决定了煤矿地质勘探工作是非常复杂并且综合性较强的工作。煤矿地质勘探工作涉及的工作种类包含了以下几种，一是勘探地质工作，二是水文地质工作，三是瓦斯地质勘探工作，四是矿井储量的管理工作，五是井下钻探勘探工作，六是物探勘探工作，七是绘图以及制图工作等等。在煤矿开采以及生产的过程中，煤矿地质勘探工作可以看作先行工作，充当眼睛的角色。煤矿地质勘探工作，能够有效地帮助煤矿开采以及煤矿生产中避免很多生产安全问题，保障煤矿生产顺利进行。在煤矿地质勘探进行的过程中，不允许有任何的失误或者是偏差。一旦在煤矿地质勘探工作中出现了失误或者是偏差，就会导致非常严重的煤矿

安全生产及开采事故。例如，如果存在煤矿地质勘探失误就会导致煤矿开挖巷道的过程中出现偏差，造成不合格施工工程的出现，更为严重的是一旦煤矿地质勘探出现了偏差就会导致整个巷道工程报废。一旦地质勘探出现了问题，有可能导致巷道开挖施工的时候进入踩空积水区域，或者是瓦斯聚集区域，这样就会出现严重的渗水、透水，以及瓦斯爆炸等严重的生产安全事故，因此根据上面的阐述，我们需要在煤矿地质勘探的过程中谨慎地进行勘探工作，认真对待地质勘探结果，实事求是地对勘探的结果进行记录和分析。因此煤矿地质勘探工作的重要意义在于能够在矿山开采、煤矿安全生产以及煤矿周边资源有效合理开发的过程中提供先期的决策数据，优质的煤矿地质勘探工作能够在煤矿生产的安全性以及经济性上给予巨大的帮助。基于上面的阐述，我们在进行煤矿地质勘探的过程中要格外谨慎，怀着科学、严谨的工作态度进行煤矿地质勘探。

二、在我国煤炭地质勘探工作进行的过程中，地质勘探工作面对的主要问题

（一）在我国的煤矿地质勘探工作进行的过程中勘探工作容易受到外界因素的干扰，影响勘探结果的准确性

在煤矿地质勘探工作开展的过程中，主要的勘探结果影响因素有三个。首先是在勘探过程中人为因素造成的地质勘探结果偏差；其次是在勘探过程中勘探环境的因素造成的地质勘探结果偏差；最后是在勘探的过程中矿山的动态压力变化因素造成的地质勘探结果偏差。

在煤矿地质勘探工作进行的过程中，勘探工作可以分为两种形式，外业勘探以及内业勘探。工作的主体就是现场的勘探人员，有的情况下进行外业勘探的工作人员会无意识地将勘探结果及数据报错。根据实际的煤矿地质勘探工作经验来讲，勘探数据的报错主要发生在整度环节。如果内业勘探人员没有及时发现外业勘探工作人员的数据错误，而进行直接应用，就会导致整个地质勘探工作的勘探数据失真，会导致非常严重的后果。综上所述，人为因素导致的煤矿地质勘探数据失误是影响煤矿地质勘探工作的因素内容，但是这一问题是可以采取相应的措施进行避免的。在煤矿地质勘探工作进行的过程中勘探的实际环境也会对勘探的数据造成一定的影响。勘探环境的空气湿度变化、勘探环境的空气质量变化，以及勘探环境的噪声干扰等因素都会对煤矿地质勘探的最终结果造成一定的影响。除了上述的影响因素之外，在勘探的过程中矿山的动态压力变化也会对勘探的结果造成很大的影响，如在勘探的过程中出现了顶板下沉、巷道变形造成的勘探点发生了变化等问题就会对最终的勘探结果造成严重的影响。

（二）在我国的煤矿地质勘探工作进行的过程中矿图在绘制及审核的过程中存在一定的问题，影响煤矿地质测绘的准确性

在煤矿地质勘探的过程中，勘探的最终结果需要通过绘图的形式来体现，因此绘图工作不允许出现误差或者是失误。勘探绘图中的问题主要体现在四个方面。首先是在绘图的过程中没有对原始的绘图资料进行全面的收集，没有详细并且全面地对绘图勘探数据进行审核；其次就是在绘图中如果没有对地质的实际构造进行明确的绘制和体现就会造成实际的图纸同实际的矿山地质不符现象，这是非常严重的错误；再次是如果在勘探绘图进行的过程中没有对巷道的施工路径进行明确的表述，就会造成巷道施工过程中出现严重的安全施工问题；最后是在测绘图纸绘制的过程中，绘图的比例要有明确的显示。

三、在我国煤矿地质勘探工作进行的过程中有效提升煤矿地质勘探准确性的主要改进措施

（一）在煤矿地质勘探工作进行的过程中我们要对矿图绘制过程中的相应标准及规范进行全方位的落实和执行

主要按照《煤矿地质测量图例》中的新规定的内容和要求进行绘图。要求矿图绘制的准确性指的是矿图绘制的精确度要达到要求，同时要求矿图要正确表示井下巷道、回采工作面间的空间几何关系。建立碎部勘探记录，及时绘制上图。

（二）在煤矿地质勘探工作进行的过程中要及时将勘探结果进行矿图的填绘，保障勘探结果的时效性及准确性

及时、正确地反映采掘工程的情况，在矿区内有小煤窑或与该矿界的矿井开采的情况下，要及时对小煤窑的采掘情况进行调研勘探准确上图。这是因为小煤窑在开采造成的瓦斯积聚或是积水，对矿井生产产生了一定的威胁，尤其是在矿区内，部分小煤窑历史过久而无法进行测绘，就需要认真进行相应调查，以防与矿井采掘发生误透而导致事故，要定时把相邻矿井的矿界附近的巷道都填绘至图纸中，防止越界。

四、在煤矿地质勘探工作进行的过程中有效处理勘探误差的主要措施

在煤矿地质勘探的过程中，有效处理勘探误差的主要措施主要有三个。首先是为了有效处理并消除煤矿地质勘探工作中出现的误差，我们应该将勘探的结果误差进行最大限度消除。其次是为了有效处理并消除煤矿地质勘探工作中出现的误差，我们要在图纸审核的过程中更加细致以及认真。最后是为了有效处理并消除煤矿地质勘探工作中出现的误差，我们要对相关的工作人员进行系统的专业培训，提升其工作能力以及工作素质。

第三节　如何优化煤矿地质勘探管理

煤矿地质勘探主要是针对煤矿采区的实际状况，依照合理的勘探原则以及勘探手段，对采区进行圈定，并通过合理的选择与布置，研究矿床分布、煤质状况、开采条件及储量，并对矿床工业价值进行评价。

一、基本内容分析

（一）基本原则

矿区地质勘探的设计方案需要依据开发条件以及当地的地质状况、工业发展规律等，通过战略性计划，对勘探任务、勘探力量进行规定、组织，同时对勘探方向以及地区进行确定和划分，依照规定的勘探原则，制定具体的勘探项目。

在进行地质勘探过程中，除了需要进行基础的煤矿地质规律研究外，还需要以矿区的经济实力以及技术实力作为前提，依照当前的矿区发展规划以及勘探的基本原则，具体分析包括以下几方面：

（1）勘探工作必须以可持续发展作为基础服务目标。首先在勘探的过程中需要依照先浅层勘探后深层勘探、先近距离勘探后远距离勘探的原则，并通过当前勘探工作，进行矿区发展的长远打算。通过普查阶段以及详查阶段，确定采区的价值，并在勘探阶段做好重点矿区的勘探，完成预查工作。

（2）资源勘探必须以提供优质的地质报告为中心，一切勘探手段都必须为地质目的服务，注重地质效果，严格遵守勘探程序，正确掌握勘探程度，选用合理的勘探方法，做到经济、技术的合理配置。

（3）依照实际情况，通过对油页岩、泥炭以及石煤等低热值燃料的地质勘探工作，扩大燃料资源，做好煤矿石和其他有益矿产的综合评价工作。

（二）基本依据

（1）地质依据。该依据主要为煤矿采区的地质条件，主要包括煤矿的赋存条件以及每层的变化规律（稳定性）和地质结构等内容。在已经进行过地质工作的区域，应当对原有的地质资料进行收集，并全面整理分析，而针对未进行作业的区域，则应首先进行找矿和区域普查。

（2）经济依据及技术依据。首先，应当对勘探任务以及勘探要求进行合理的确定，这就需要明确工程技术管理标准以及工程质量验收标准，并针对勘探工作质量以及矿床价值的评估标准进行确认。只有保证这些标准才能够使勘探工作满足现代煤矿工业的基本要求，使煤矿的勘探工作更加规范化。其次，需要依照统一的勘探计划，在规定的区域以及时间进行的勘探工作，并依照规定的勘探原则以及勘探方法，确定勘探所使用的技术手段，最重要的是进行设计方案的制订。勘探设计方案主要包括对勘探任务以及要求的确定，并合理划分勘探阶段，同时确定勘探类型，并选择科学的勘探施工密度，对勘探方法及原则、手段进行综合性的安排。

（三）地质勘探的四个阶段

通过地质勘探工作，人们对于煤矿采区地质不断进行深入研究，不断对认识进行更新。通常的煤矿地质勘探工作主要包括四个阶段的内容，即预查阶段、普查阶段、详查阶段和勘探阶段。

（1）预查阶段。该阶段主要在对煤矿进行充分的预测并详细调查研究过采区地质状况之后进行，通过预查阶段，对煤炭资源进行发现，并对工作区的价值性进行评估，为普查阶段奠定基础。

（2）普查阶段。通过该阶段，对预查阶段进行进一步的延伸，在预查阶段会确定具有勘探价值的区域。而普查阶段的主要任务就在于，对这些地区的开发价值进行进一步的研究、评估，为后面的环节奠定基础。

（3）详查阶段。该阶段对普查阶段所确认的区域进行进一步的分析，依照煤炭工业布局的总体规划要求，选出开发容易且资源质量高的区域。即通过详查，为矿区设计的总体规划提供必要的资料，因而详查的结果必须建立在保证矿区规模的基础上，并保证井田划分不会受到地质变化的重大影响，同时还需要详细地对矿区中影响开采的地质条件进行评价。

（4）勘探阶段。勘探需要建立在矿区总体规划及设计基础上，主要目的在于为矿井设计提供必要的资料。勘探的结果不但要满足水平运输巷以及总回风巷的位置要求，还应当满足选择井筒的要求，并为划分初期采区提供必要的资料，从而保证井田以及矿井不会由于地质状况的改变而变化。

二、勘探管理中的实际问题

（一）地质勘探工作精细化程度不够

地质勘探工作是长远的系统工程，我国地质勘探工作者在地质勘探实践过程中，必须坚持勘探施工与分析研究地质资料、调整修改勘探设计与改进工作计划相结合的工作制度。目前，煤炭地质勘探过程中的精细化程度的弱化是最突出的问题，其导致的直接后果是勘探工程结束后，才发现一些工程部署不很合理，极大地浪费了资源。

（二）质量标准监督体系执行不到位

其表现为质量体系的相关标准过程存在应付现象，遇到检查时突击填写质量记录表，实施过程中未严格按程序文件执行，更谈不上有项目策划书、特殊作业指导书等资料，质量标准监督体系执行不到位。

（三）基础性工作程序不规范

违反地质工作程序，并且不按照标准操作规程而盲目施工。一些项目先施工钻探后填图，没有按照标准程序操作，甚至不做地质调查只依靠访问资料开始勘探工作。

三、煤矿地质勘探管理优化措施

（一）全面推进人才队伍建设

人员是地质勘探活动的主体，人员的素质，即能力和技术水平都将直接和间接地对勘探效果产生影响，所以人员是影响勘探工作质量的首要因素。要重视对高质量和高素质人才的引进工作，主要引进人才专业的研究领域。要做好新引进人才基层培训工作，鼓励以老带新，鼓励岗位成才，提高技术人员的业务技能。

（二）做好"精细化"勘探工作

地质勘探精细化工作弱化，势必造成工程布置不合理、工期目标不合理，进而影响工作质量和工作效果；精细化勘探工作弱化，也极易造成极个别的地勘单位项目组弄虚作假，因此，要科学合理地确定勘探周期和施工机械、人员的投入，保证勘探阶段工作的高质量。

（三）加强技术标准监督管理力度，严格把关

不断地将标准监督体系精细化、规范化、数量化，将工作目标特别是质量目标考核结果与经济利益挂钩，并做好评定验收工作。加强对勘探报告成果审查制度；强化对外包单位的管理，对其基本条件、施工业绩进行认真资质评估，同时将其纳入统一质量管理体系。

作为我国当前最主要的能源物质，煤炭发挥了重要的作用，在一次性能源中已经占有了重要的地位。而在煤炭开采过程中，地质勘探作业具有重要作用，而勘探作业大多为流动性作业，危险性及技术性要求较高，且工作环境较为复杂、恶劣。随着我国煤矿事业的发展以及经济体制改革，对煤矿地质勘探工作的要求也不断得以深化，而勘探队伍建设也不断得以壮大，因而勘探管理工作就显得尤为重要，只有通过对管理手段能不断地优化，加强勘探队伍建设，才能够满足煤矿开采中对于地质资料的要求。

第四节　煤矿地质灾害勘探中地球物理方法应用

煤矿是十分重要的地质矿藏，对我们的生活和社会建设具有非常重要的作用。在煤炭的开采过程中我们必须要注意地质灾害的发生。当前勘探煤矿地质灾害的方法有很多，本节主要叙述地球物理方法在勘探煤矿地质灾害中的应用，希望能够给相关人士一定的借鉴。

煤矿几乎在世界范围内都有分布，而我国是世界上最大的出产煤炭的国家，每年的煤炭产量高达 11.5×10^8 吨，也就是说全世界四分之一的煤炭都是从我国地下挖出的。据相关数据显示，我国的能源结构中，煤炭主要占 71%、油气占 22%、其他能源占 7%，这就使依靠煤炭才能正常运行的生产生活活动除了要面对煤矿日益枯竭的事实，还要担忧整体环境的改变所带来的危害。我国煤炭开采的技术设备比较落后，煤炭企业管理和制度建立并不完善，这就导致在煤炭开采的过程中会引发大量的地质灾害，进而造成经济损失和人员伤亡。

一、煤矿地质灾害的种类及其危害

地质灾害的种类非常多，在我国因为煤炭开采导致的地质灾害主要包括滑坡、坍塌、地面下沉、瓦斯漏水或爆炸、煤矿所在区域的水土流失等问题，这不仅危害周围人民的生命财产安全，而且对环境也会造成很大程度的破坏。其中塌陷造成的危害程度最严重。根据数据显示，在我国重点煤矿中，出现坍塌的矿区面积占总矿区面积的十分之一。我国境内山西省是煤炭生产大省，同时也是出现坍塌问题最为严重的区域，全省共计 1560 平方千米土地，采空区就已经高达 208 平方千米，占全省总面积的七分之一。我国全部采空区中已经有 6000 平方千米的区域遭受了煤矿引发的地质灾害，进而导致采空区上方的房屋、桥梁、山体出现断裂和坍塌。

根据相关统计数据显示，我国历年来由煤矿开采导致的坍塌区域累计超过了 4000 平方千米，其中耕地面积就占了 30%。此外，不断加快地水土流失速度，不仅破坏了土地资源，而且也会引发其他的环境问题。通常来说，我国煤矿富裕的地区也是水资源贫乏的地区，我国缺水的矿区占总矿区的 71%，其中严重缺水的区域占 40%。开采煤矿导致煤矿顶部的含水层慢慢变干，进而导致整个矿区的地下水位线下降，给矿区周围居民的生活带来很大的用水困扰。同时，因为地下煤层已经遭到了破坏，使大量的地下水渗入矿井之中，而矿井有大量的煤粉等污染物，通过水解反应，产生酸性物质。这些酸性物质渗入地下水中，污染了地下水，严重危害到周围居民用水安全。

二、煤矿地质灾害的地球物理特征

对煤矿地质灾害的测量有很多方式方法，当前最为常用的就是物探法。这种方法主要依靠地下介质层之间电性、密度、弹性等方面的差异，来判断地下岩石层之间的变化，进而判断出可能出现的煤矿地质灾害。具体来说，在煤层被开采之前，整个地层是完整的，一定区域范围内的电性差异也不会很大，而每层和顶板、底板之间的差异也是比较稳定的值，具有比较好的弹性。但是在煤层被开采之后，煤层的完整性遭到破坏，空间上的连续性不存在了，采空区和坍塌物之间被空气填充，那么在无水或者很少水的情况下，采空区的电阻率就会比周围的岩石高，而当采空区中被水填充的话就会导致整个采空区的电阻率下降。一旦这种均衡性被打破，那么就会在三维空间中以某种形成的规律呈现出来，既可以表现出局部的，也可以表现出区域性的异常，这就为电法工作的开展提供了依据。在这个区域的反射波被中断以及频率特征发生变化都能够为开展地震勘探工作提供数据基础。

氡是无色、无嗅、无味的惰性气体，它具放射性，被认为是致癌物质，给长期工作在矿区的采矿人员带来很大的危害。在煤矿的采矿区域中，由于断裂缝隙的出现，就容易聚集大量的氡，所以在采矿区的上部测量氡的数值非常高，而且在坍塌区域，地面的塌陷使地表和下面的地层之间相连，那么就会形成比较宽的裂缝，氡气体就会向地表方向游动，不过此时氡的保存条件并不好，所以氡的含量也就不高。在残留的煤柱区域，因为煤层的孔隙发育得并不好，所以上面的覆盖层就不会产生很大的破坏性，这就不利于氡的游动，所以地表只会残留低浓度的氡。也就是说我们可以通过氡的差异性来查看地下地质情况的变化，这也就能够看出煤矿地质灾害区域的范围、强度等方面。

三、应用物探法勘探煤矿地质灾害

高密度电法是近年来发展起来的物探方法，广泛应用于灾害调查及工程勘探中。它是一种直流电阻率法，应用的地球物理前提是地下介质间的导电性差异，通过向大地供直流电，采用点阵式布电极，密集采样观测和研究电场的空间分布规律，和常规电阻率法一样，它通过 A、B 电极向地下供电流 I，在 M、N 极间测量电位差 $\triangle u$，从而求得该记录点的视电阻率值 $PS = K \triangle U/I$，反演结果为二维视电阻率断面图。根据实测的视电阻率断面进行计算、处理、分析，从而获得地层中的电阻率分布情况，以此划分地层、圈闭异常、确定冒裂带等。通过研究高密度电法获得的数据资料，可以对灾害体的纵、横向发展的规模有更深入的了解。

瞬变电磁法是一种基于电磁感应原理的物探方法，利用不接地回线（大回线磁偶源）或接地线源（电偶源）向地下发送一次场，在一次场的间歇期间，测量地下介质的感应电磁场（二次场）电压随时间的变化。根据二次场衰减曲线的特征，就可以判断地下地质体的电性、性质、规模和产状等，间接解决如陷落柱、采空区、断层等地质问题。由于该方法是纯二次场观测，故与其他电性方法相比，具有体积效应影响小、对地形和地物条件要求小、抗干扰能力强、有体积效应小、纵横向分辨率高、对低阻反应敏感等特点。同时，瞬变电磁勘探对地下良导电介质具有较强的响应能力，适用于进行煤层顶底板含（隔）水层划分、煤层陷落柱探测、断层及裂隙发育带导（含）水性评价等工作，是高效、快捷的物探方法。

采煤活动使地下地质体的横向连续性遭到破坏，岩石中氡元素的运移和集聚作用发生异变，在地表面能测到氡值的异常。氡元素向采空区转移，在采空区积聚，在地表形成与采空区形态相应的氡异常区。因此，可以通过测量地表氡元素的浓度（实际上是测量氡衰变所释放的仅射线的强度）来准确圈定煤矿采空区的位置与范围。此外，根据氡气异常的峰值状态还可以确定岩溶陷落柱的位置和范围。由于地下的氡气通过构造、裂隙、地下水搬运由深部向地表迁移，测量氡气的浓度可间接反映地质体的裂隙系统的情况，并可分析其开启度、连通性及破碎程度，对预测滑坡能起到一定的指示作用。

不论是二维地震检测方法还是三维检测方法都是通过大量的信息、比较高的分辨率及准确的空间定位来进行检测，这两种方法在地质灾害勘探中应用的范围比较广泛，物探的方法很多，适用的条件也不一样，在实际的检测过程中应该根据当时当地的地质条件、地球物理特征等因素，选择最佳的检测方法，同时兼顾经济投入最小化，获得最好的勘探结果。

综上所述，当前我国煤矿开采技术也在不断提高，但是我国仍然需要关注煤矿地质灾害的情况，避免无可挽回的事故。无论使用哪种方法来检测煤矿地质灾害，其最终目的都是保证人民的生命财产安全和环境保护。

第五节　水工环地质勘探中的技术及应用

随着我国经济的快速发展，水工环地质勘探备受关注。水工环地质勘探在能源开发、建筑领域都发挥着重要的作用，水工环地质勘探若是出现了偏差，我国的能源开发就会遇到很大的问题，工程建设就失去了效益，我国的能源和生态都会遭遇风险。分析水工环地质勘探的方法，并且不断进行优化升级，对提高水工环地质勘探具有重要意义。

一、水工环地质勘探现状分析

在我国的地质学发展中，工程地质学开始只是地质学的一部分，工程地质学才发展了90多年。在这90多年的发展过程中，工程地质学已经积累了相当多的经验，为我国的经济建设做出了重要的贡献。我国的工程地质学在发展过程中，不断引进国外先进的技术，和我国的实际相结合，成就了地质学发展的新理论。水工环地质勘探是人们生活中重要的组成部分，特别是人们大力推行可持续发展和应对全球变化的大环境下，水工环建设得到了空前的重视。全球的环境、资源都处在变化期，每个国家都在不断地调整产业结构和环境地质的部署，水工环一体化研究也成为各国研究的重点。

水工环地质勘探技术。水工环地质勘探技术主要是对地质的水文、环境等进行勘探，这是比较传统的勘探技术。但是，在社会经济、科学技术快速发展的今天，为了满足水工环地质勘探工作的需要，适应现代的发展，就需要对水工环地质勘探技术进行改革，不断地对其进行发展和完善。现在的水工环地质勘探技术不仅仅是对地质的环境、水文等进行勘探，还对一些可能存在灾害隐患的地质进行勘探。水工环地质勘探技术现在已经发展成比较综合的技术，为水工环地质勘探的工作提供了很大的帮助。在进行水工环地质勘探工作的时候，主要是利用水工环地质勘探技术以及一些相应的设施对将要勘探的地质进行详细的勘探，通过勘探分析地质的一些相关情况，为以后的施工提供保障。水工环地质勘探工作不同于其他的工作，该工作需要很好的技术，并且比较复杂，所以需要工作人员具有比较高的水工环地质勘探技术，能够在工作中进行有效的管理，保证工作顺利进行。如今，在我国的水工环地质勘探工作中，对水工环地质勘探技术的要求比较高，为了能够在快速发展的科学技术中不断地取得更高的成就，开展好水工环地质勘探工作，就必须加强对水工环地质勘探技术的研究。

二、水工环地质勘探技术应用

目前，水工环地质勘探技术在不断地发展和进步，从传统的水工环地质勘探发展到现代的水工环地质勘探，增加了对灾害地质的勘探。以前的水工环地质勘探技术在应用中比较耗费能源，随着该技术的发展，以及摆脱了高耗能的勘探技术，转变为现在的环保型技术，该技术的发展已经有了突破性的改变。随着经济、科学技术的不断发展，遵循可持续发展的理念，水工环地质勘探技术正在不断地扩大应用领域。以前的水工环地质勘探技术的应用只是为了矿产服务的，现在不仅能够为社会提供矿产资源，还能够满足社会的一些需要，在技术的应用中不断进行提高和改进。水工环地质勘探技术在应用过程中需要保证周边的环境不受到破坏，通过先进的设备、技术等提高水工环地质勘探工作的效率，保证工作顺利进行。

（一）GPS 技术和应用分析

GPS 卫星定位工作原理为将原来在地面上的无线电信号发射台放在了卫星上，利用卫星的高空运动，组建卫星导航定位系统。在地面上建立 3 个以上的控制站，利用无线电测距交会原理，就可以交会出高空位置的具体位置。同理，只要使用 3 颗或者 3 颗以上的卫星，就可以利用卫星已知的空间，交会出地面上用户接收机的具体位置。用户接收机在使用过程的某个特定时间，就可以接收多颗卫星的信号，测量出接收机天线中心距离 3 颗或者 3 颗以上卫星的距离，就能够计算出这个时间点 GPS 卫星在高空中的坐标，从而使用交会法计算出测站点的具体位置。GPS 进行实时动态测量主要的方法是：在基准站上放置一台 GPS 接收机，让接收机不断地进行可见卫星的观测，将观测的数据实时传送给用户观测站。用户观察站在接收 GPS 信号的同时，就可以经过无线电接收设备，将基准站传送过来的数据和参数进行接收，利用 GPS 相对定位原理，计算出相对基准站基线向量，计算出 WGS-84 坐标。经过已经预先设定好的 WGS-84 坐标和地方坐标系进行参数转换，准确、实时、精确地显示出用户需要的三维坐标精度。

（二）RTK 技术和应用分析

RTK 技术采用三种差分方式，分别是相位差分、伪距差分、位置差分。这三种差分方式由基准站传输改正数，流动站接收改正数，并且进行测量结果改正，从而得到精确的定位。RTK 在基准站上放置一台接收机，在流动站中放置另外的一台或者是多台接收机，实现了基准站和流动站能够同时接收同一个 GPS 卫星发射的信号。基准站把得到的数值和位置信息进行比较，就能够得到 GPS 差分改正值，使用无线电数据将 GPS 差分改正值传送给流动站，从而得到精准的实时位置。流动站在进行工作的时候，可以是运动状态或者是静止的状态。在之前，GPS 都是单点采集，之后 GPS 进行改进，改进为连续采集。在很多工程地质的测量过程中，使用三维软件包进行包络线的偏移、背景清除、噪声滤波、频率颤动等，加强了水工环地质勘探的水平。

（三）TEM 技术和应用分析

瞬变电磁法被称为 TEM 技术，最早在航空探物中应用，我国使用这项技术还不够成熟。这种技术在金属矿勘探中得到了空前的发展，并且在灾害勘探、工程勘探、环境勘探中都得到了一定的应用。TEM 技术首先就是使用电磁设备，将脉冲电磁波借助回线的影响传送到地下，利用收发时间之间的差距来观测二次涡流场。在观察过程中，若是出现了异常二次场、不均匀体的涡流场，那么基本上就可以确定此处地下有带电的不均匀的地质体。在进行 TEM 技术使用的时候，应该注意到地下介质对电磁场会产生一定的影响，将电磁波的时间进行了延长，让电磁波扩散到深处，形成烟圈效应。工作人员对烟圈效应进行仔细的分析，就可以掌握瞬变场存在的一些规律，能够为以后的地质勘探提供可靠的依据。TEM 技术在水工环地质勘探中，主要是使用垂直磁偶源和电偶源两种方法，垂直磁偶源方法应用更加广泛。TEM 技术有一些独到的优势，它的分辨率很高，尤其是在陡峭地质中，有很高的敏感度，精度非常高，受地形的影响和限制很小，所以在我国的水工环地质勘探中应用非常广泛。

（四）GPR 技术和应用分析

GPR 技术是探地雷达技术或者是地质雷达技术，地质雷达在宽带为 10 ～ 1000 MHz 高频时域电磁脉冲波协助下，就可以进行地质的测量。地质雷达通过地面发射天线的帮助，发送电磁波到地下，经过地下的目标体反射到地面的接收天线上，然后再对接收的电磁波进行分析，就可以准确地测量出水工环的地质性质和形态。这种探测方法短距离探测分辨率高，在水工环的测量中得到了很大的应用。GPR 技术能够实现数据的全自动化处理，并且形成的图像非常清晰，很容易进行识别，自身的分辨率非常高，施工非常简便，在基岩面覆盖层厚度和起伏状况、破碎带查找、隐伏断层、考古调查中得到了很大的应用。在水工环的地质勘探中，GPR 技术也得到了很大的应用，在探测水库地下坝体或者防渗墙的结构、探测建筑物地下边坡孤石、老城区地下管道的展布和埋深探测等应用中都有很好的效果。GPR 技术主要使用在短距离的探测中，在进行短距离水工环地质勘探时候，有独到的优势。

（五）物探技术、水质测试技术的应用

水工环地质勘探技术还包括物探技术和水质测试技术，这两种技术在水工环地质勘探工作中有着非常重要的作用。物探技术能够快速分析出所勘探地质的一些相应的参数。该技术不仅成本比较低，而且在勘探工作中不会对地质的自然环境造成损害，相比其他一些勘探技术而言具有优势。物探技术的应用在水工环地质勘探工作中取得了非常大的成果，并且该技术的应用时间也比较长，是水工环地质勘探技术中非常关键的技术。对于水质测试技术而言，可以依据技术原理将其分为化学分析法和物理分析法两种。该技术的两种方法是相互结合的，在实际的水工环地质勘探工作还需要结合地质的具体情况，选择合理的勘探技术方法进行勘探工作。与此同时还要考虑相应勘探仪器的影响。水质测试技术通过物理分析、化学分析等方法对地质情况进行详细的分析，在水工环地质勘探技术中也是非常重要的。应用该技术时，需要掌握好化学分析法和物理分析法的相互结合。

（六）地理信息系统、遥感技术的应用

在水工环地质勘探技术中，比较新型的勘探技术就是地理信息系统和遥感技术。这两种技术在水工环地质勘探工作中应用得比较普遍。地理信息系统简称 GIS，该技术主要是对水工环地质勘探工作中的一些空间数据进行处理，通过详细的技术分析，得出地质的一些特性和参数。在水工环地质勘探工作中，GIS 技术的使用能够有效地解决勘探工作中的一些问题，方便水工环地质勘探工作顺利进行。GIS 技术本身特有的一些优势让其在各个领域都被人们重视。遥感技术在水工环地质勘探技术中也是非常重要的，该技术简称 RS，在水文地质、工程地质等很多领域内都被广泛应用。遥感技术能够在水工环地质勘探工作中进行实时的动态监测，并且能够得出大量的地质勘探信息，非常有效率。遥感技术在水文地质、地质灾害等的勘探中有着非常重要的作用。

（七）重力勘探

重力勘探作为现代物探法的一种，主要是指根据矿体间以及岩体间存在的密度差异，

通过地表变化来勘探地质。这种勘探方法将牛顿万有引力作为研究基础，具有精度高、干扰小等特点，只要勘探地质体与四周的岩体密度差异，就需要利用精密仪器的重力异常，如扭秤及重力仪。重力勘探在现代工程地质勘探中运用较为普遍，并取得了显著的勘探效果，结合其他物探资料和拟建区地质的资料，有效推断出覆盖层的地质构造以及矿体性质，为工程建设提供更多的资料以及信息。为了保证勘探效果达到准确性和科学性的要求，在对这种方法进行运用的过程中，还要对拟建区的地形、天气等状况进行考虑。

随着我国信息技术水平的不断发展，水工环地质勘探水平也得到了空前的提升，使用的方法逐渐增加，各种技术在水工环地质勘探中都有自己的长处，都是常见的勘探技术。我国相关部门不断地进行信息技术的升级优化，将现有的水工环地质勘探技术不断进行提高改进。使用先进的水工环地质勘探技术，能够有效地进行勘探任务，对我国的经济建设有很重要的作用。

第六节　地质勘探技术在煤田勘探过程中的应用

煤炭资源是社会生产及人们日常生活中不可或缺的重要资源之一，随着我国经济发展速度以及人们生活水平的显著提升，我国对煤炭资源的需求程度也逐渐加深。而作为煤田勘探作业中重要的组成部分，地质勘探技术的应用能够使煤矿生产得到良好的安全保障。对此，本节对煤田勘探的技术条件进行了简要的阐述，并进一步探讨了煤田勘探过程中地质勘探技术的应用。

对于煤田开发而言，其不仅是较为系统的工程项目，更是较为复杂的工作内容。唯有以科学、精确的理论与数据为支撑，才能促使煤矿生产得到良好的安全保障。而此种科学、精确的理论与数据依据，则是地质勘探技术应用于煤田勘探中的结果。通过地质勘探技术在煤田勘探过程中的应用，能够对煤岩体赋存有正确的认识。因此，对于地质勘探技术在煤田勘探过程中的应用进行研究，具有极大的现实意义。

一、煤田勘探的技术条件分析

我国幅员辽阔、物藏丰富，所蕴含的矿物资源分布较广，且数量众多。对于煤炭资源而言，其生成因素以及地质勘探结果显示，我国煤矿大多分布于平原或低山丘陵区域。由于地形与地势情况较为恶劣，在进行煤矿的开采及建立矿井之前，首先应对地质环境进行细致的勘探，了解地质结构与水文条件，为煤矿的开发创造充分的条件。

（一）水文地质条件

我国煤矿分布呈现南高北低的走向，煤矿的纵向分布沟系较发达，地表水经南部分水岭汇入然后向矿区北部流出。在将煤炭岩层进行含水特征划分后，便可对煤层含水情况进行细致分析。例如，矿区中弱含水层为基岩风化带裂隙或残坡积层，对矿床的充水影响相对较低；其中多为闭合面的断裂带，其含水性也相对较弱，且导水性能一般，能够对矿坑充水有较大影响；而其中的煤系碎屑岩具有质地坚硬的特点，可作为矿区内的隔水层，虽然局部存在裂隙，并存有部分裂隙水，但仍能够阻挡地下水与地表水等进入矿坑。为防止地下水渗漏或地表水涌入，应制订科学的排放计划，并安置潜泵及设定排水沟，将地表水或地下水等排出矿区。

（二）工程地质条件

在地质勘探工作中，一项较为重要的勘探内容为岩石构造勘探。通过岩石的结构，科学合理地制订矿区的开采方案。可将岩石划分为三种地质情况，即半坚硬岩层、坚硬岩层以及松散软弱岩层。通常情况下，均由泥岩、粉砂岩和铝土岩组成煤层顶底板，此类岩石大多为坚硬或半坚硬岩层，裂缝较少，稳定性好，能够有效保护矿床开采作业。此外，依照煤矿工程地质条件分析，通常所涉及的地质结构均为中等偏复杂类型，故应做好地质勘探工作，依照所获取的地质条件信息，综合制订科学、合理的煤矿开采方案，并以此确保煤矿开采过程中的矿床稳定。

二、煤田勘探过程中地质勘探技术的应用

（一）深井钻探技术

深井钻探技术是我国煤田勘探工作中应用广泛且普遍的技术类型。深井钻探技术能够对煤田的地质状况做出细致的勘探。将勘探位置四周用细线进行位置的固定，并以此确保钻机时刻处于垂直的钻入角度，而此种方式更是确保滑车与天车等与孔口处于同步铅垂线位置。在进行深井钻探时，通常会选取刚度极强的金刚石作为钻具材料，以此保障勘探过程中最为理想的钻探效果。通过此种深井钻探方式，能够在勘探煤岩体情况的同时，对岩层、水样与土样等进行取样检测，以便进行煤矿的安全生产。

（二）地震法煤田勘探技术

地震法煤田勘探技术，即通过煤田岩石所具备的弹性与密度的差异性，由勘探人员设定震波进行检测，并由此判定出地下岩层的分布与形态的物理勘探方式。其原理为：通过人工操作，将人工震波由地表发出，在人工震波向地表深处传播时，若存在不同类型与质量的介质，将会导致人工震波出现折射及反射现象，再依靠检波器，对此种人工震波进行接收，通过对震波反馈回的信息进行分析与判断，从而得出煤岩体的分布情况。

（三）重力法煤田勘探分析技术

将地质勘探技术中的重力勘探或重力法煤田勘探应用到煤田勘探之中，便可称为重力法煤田勘探。其主要原理为：利用所反映出的煤田地下岩层密度以及所呈现出的横向重力差异，对煤田的结构和储量等进行定量的判断。此种由地表位置生成的重力变化，也被称作重力失常。并且，重力发生变化的程度与规模等，是由勘探物体的密度差变化所引起的。通常情况下，重力勘探技术多应用于煤田区域的地下水勘探以及煤层位置的环境勘探等。

（四）遥感技术

对于遥感技术来说，其由两部分内容组成。其一，是通过飞行设备或卫星等搭载的传感仪，利用反射或辐射电磁波的接收，对勘探目标的影像进行获取；其二，是在飞行设备或卫星上，采用电磁波的直接反射形式，以此获取目标的反射信息。将此种遥感技术应用于煤炭勘探工作之中，即将遥感技术与传统煤炭勘探技术进行有机的结合，从而形成全新的煤炭勘探技术。此种技术不仅具有客观性与准确性的特点，更涵盖实时性与整体性的优势。若将其与高速发展的计算机技术进行结合，便能够在煤田的自然环境、矿区环境以及各类地质研究方面，产生出极强的优越性。随着遥感技术在煤田勘探过程中的应用，必将使其逐步赶超物探技术，成为未来煤田勘探工作中最为主要的勘探技术形式。现阶段的地质勘探工作中，更是将此种技术与地理信息系统及卫星定位系统进行紧密的结合，进而促使此种遥感技术在逐步步入智能化的同时，更可兼顾网络化及可视化等特点。

地质勘探技术在煤田勘探过程中的应用，既能够确保煤矿生产的安全性与稳定性，又能同步获取到其他地质信息，并以此为煤田勘探工作提供更多、更准确的信息依据。进而为我国煤炭行业的发展做出相应的推动作用。

参考文献

[1] 任启磊. 基础地质勘探技术在岩土工程中的应用分析 [J]. 西部资源，2018（3）：142–145.

[2] 伏东红，谢俊. 基础地质工程与地质勘探应用 [J]. 世界有色金属，2017（18）：162–164.

[3] 杨宝林. 基础地质工程与地质勘探应用论述 [J]. 黑龙江科技信息，2016（3）：57.

[4] 吴巍. 岩土工程勘探中基础地质的应用分析 [J]. 科技与企业，2015（22）：119.

[5] 于江源，董峰. 基础地质工程与地质勘探应用探讨 [J]. 黑龙江科技信息，2015（28）：120.

[6] 谢尚晓. 基础地质工程与地质勘探应用探讨 [J]. 黑龙江科技信息，2015（15）：131.

[7] 张娟. 基础地质工程与地质勘探应用探讨 [J]. 黑龙江科技信息，2016（34）：75.

[8] 高仁忠. 基础地质工程与地质勘探应用探讨 [J]. 黑龙江科技信息，2015（14）：116.

[9] 尹龙，曲源. 基础地质工程与地质勘探应用探讨 [J]. 科学技术创新，2017（27）：107–108.

[10] 邰贺，赵永刚. 基础地质工程与地质勘探应用分析 [J]. 黑龙江科学，2017，8（18）：58–59.

[11] 董文芳. 基础地质工程与地质勘探应用探讨 [J]. 城市建设理论研究（电子版），2017（21）：127.

[12] 车雨虹. 基础地质工程与地质勘探应用分析 [J]. 黑龙江科技信息，2016（19）：134.

[13] 张东伟，石站强. 基础地质勘探技术在岩土工程中的应用分析 [J]. 百科论坛电子杂志，2019，7（1）：107.

[14] 秦磊. 基础地质工程与地质勘探的应用分析 [J]. 建筑与预算，2018（4）：40–44.

[15] 王广辉. 分析基础地质工程与地质勘探的应用 [J]. 西部资源，2018（2）：73–74.

[16] 杨伟. 基础地质工程与地质勘探的应用解析 [J]. 价值工程，2018，37（7）：235–237.